KB261093

융합이란 무엇인가

미래 융합
아카데미
1

융합이란 무엇인가

융합의 과거에서 미래를 성찰한다   홍성욱 엮음

사이언스
SCIENCE
BOOKS 북스

우리가 모두 생각이 비슷하다면
어느 누구도 생각한다고 할 수 없다.
—월터 리프먼

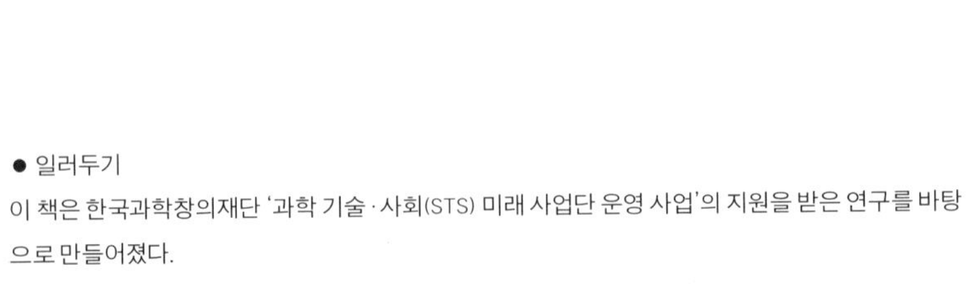
● 일러두기

이 책은 한국과학창의재단 '과학 기술·사회(STS) 미래 사업단 운영 사업'의 지원을 받은 연구를 바탕
으로 만들어졌다.

<u>서문</u> 융합의 현재에서 미래를 진단한다

분명히 10년 전에 비해 "한 우물을 파라."라는 이야기를 하는 사람이 줄어들었다. 한 우물을 파라는 이야기보다 "융합(融合)이 대세다." "융합만이 살길이다."라는 이야기가 더 지배적인 담론이다. 특히 학문의 세계에서는 더 그렇다. 21세기에는 한 우물을 파다가 "문외한으로 전락할 수 있다."라는 제목의 책도 출간되었다. 한 우물을 파더라도 '학문의 경계'에 파라고 권하는 사람도 있고, 한 우물을 파도 융합적 마인드가 접목되어야 성공할 수 있다고 설파하는 사람도 있다. '통섭(統攝)'의 전도사 최재천 교수는 우물을 깊게 파려면 넓게 파야 한다고 두루두루 통하는 것의 중요성을 역설한다.

이제 우리 사회는 한 우물을 파야 성공하는 사회에서 융합을 격려하고 강조하는 21세기 지식 사회로 넘어 갔다고 할 수 있을까? 대학은 21세기 '지식의 공장'인데, 요즘은 거의 모든 대학에서 융합 교육, 융합 학과, 융합 대학원 등이 만들어지고 있으며, 연계 전공이나 협동 과정의 개설을 지원하고 있다. 융합 연구를 지원하는 연구비도 늘어나서, 인문 사회 과학자와 자연 과학자가 함께 팀을 만들어 연구비 신청을 하는 경우도 많다. 학문의 경계를 넘는 작업의 빈도는 10년 전에 비해서 확연하게 증가했다. 겉으로만 보면 융합이 대세다.

그렇지만 대학의 제도들이 실효성을 거두고 있는가 하는 문제는 또 다른 문제이다. 많은 대학에서 융합 교육은 복수 전공을 의미하는데, 학생들은 복수 전공 제도를 인기 있는 전공 하나를 더 선택하는 기회로 이용하는 경우가 많다. 융합 학과나 융합 대학원 내에서 교수 개개인은 자신이 전공했던 좁은 전문 분야를 계속 연구하며, 학생들도 실험실의 벽을 넘어서 다른 분야와의 접목을 쉽게 하지 못한다. 학부에 개설되는 연계 전공은 재원의 부족으로 대부분 문을 닫거나 부실하게 운영되고 있으며, 대학원의 협동 과정도 학과에 비해서 지원이 턱없이 부족하다는 문제를 안고 있다. 오랜 전통과 영향력 있는 제도적 기반을 구축한 학과들 속에서 융합적 학제는 강한 포식자에 둘러싸인 약한 생명체 비슷하다.

그리고 아직도 융합을 강조하는 지식인들은 소수이다. 많은 지식인들이 융합이 중요하지 않다고 생각하거나, 융합은 어느 하나도 제대로 알지 못하는 얼치기 지식인들의 주장이며, 이런 엉터리 후속 세대를 만들어 낸다고 우려한다. 지금 워낙 "융합이 대세다."라는 담론이 강해서 그렇지, 기회가 생기면 융합에 반대하는 역풍이 강하게 표출될 것이다. 이런 비판은 학문 융합에 대해 논의를 하는 자리에서도 항상 접할 수 있는데, 융합의 중요성에 대해서 이야기를 하면 거의 항상 다음과 같은 비판이 제기된다.

- 하나의 분야를 제대로 잘 하는 것도 너무 힘들기 때문에, 2개 이상의 분야를 다 잘 해서 경계를 넘나든다는 것은 환상이다.
- 기업과 같은 현장의 경험에서 보면 하나를 제대로 깊이 있게 아는 전문가들이 모였을 때 협동 연구에서도 더 뛰어난 결과를 낳는다.
- 예술이나 기술에서 한 분야의 대가나 명장은 보통 20년 이상 그 분야만을 깊게 파는 사람에게서 나온다.
- 두루두루 잘 하는 르네상스 맨(Renaissance Man)은 레오나르도 다 빈치

시절에나 가능한 인재상이다.

그런데 융합에 대한 이러한 반론들은 융합이라는 것을 문제가 많고, 부적절하고, 불가능하며, 바람직하지 못한 것으로 미리 상정하고, 이러한 '나쁜 융합'을 꼬집는 비판들이다. 앞의 비판에서 융합이라는 것은 각각 다음과 같이 현실적으로 불가능하거나, 가능하더라도 안 좋은 것을 의미한다.

- 융합=2개 이상의 전공을 (모두 잘) 해서 넘나드는 것(불가능)
- 융합=전문가가 하는 것과는 다른 것(나쁨)
- 융합=한 분야를 오래, 깊게 파지 않는 것(나쁨)
- 융합=르네상스 맨(불가능)

여기에서 공통적인 요소는 융합이 전문성과 대척점에 있다는 것이다. 이러한 비판은 지식 융합에 대한 오해에 근거하고 있기 때문에 생산적인 융합 교육이나 융합 연구를 위해서 도움이 되지 못한다. 그렇지만 더 큰 문제는 이런 비판이 전문가를 키우는 데에도 별로 도움이 되지 못한다는 것이다. 융합과 전문성은 스펙트럼의 양극단이 아니며, "한 우물을 파라."라는 전략과 "융합만이 살길인가."라는 전략 중에 하나를 선택해야 한다는 것은 문제 설정 자체가 잘못된 것이다. 융합과 전문성을 대척점에 놓는 것은 일종의 범주 오류이다. 이 둘은 모두 필요한 것이며, 상충되는 것이 아니라 상보적인 것이기 때문이다. 융합과 전문성은 동시에 가능하다.

그렇지만 융합과 전문성이 상보적이라는 이야기는 우리 사회가 한 분야를 잘 하는 전문가도 필요로 하고, 융합 연구를 잘 수행하는 융합적 인재도 필요로 한다는 이야기가 아니다. 융합 인재와 전문성은 역할 분담이 이루어지는, 서로 다른 영역에 존재하는 것이 아니기 때문이다. 우리는 이 책에서 융합과 전문성이 개인 연구자의 차원, 협동 연구를 하는 집단의 차원, 학문 분야의 형성이라는 큰 차원의 다양한 수준에서 상호 침투하고 있음을 보이려 한다. 누구는 전문가로 키우고 누구는 융합형 연구자로 키우는 것이 우리가 추구하는 방향이 아니라, 개별 연구자 차원에서 어떻게 다양한 지식의 융합과 전문성을 동시에 확보하며, 협동 연구를 하는 팀의 차원에서 어떻게 지식의 융합과 전문성을 동시에 확보하고, 학제간 학문 분야의 형성 과정에서 어떻게 그 분야만의 독특한 정체성과 다양한 지식의 융합을 조율하는가를 고민해야 한다는 것이다.

이렇게 생각하면 융합에 대한 앞의 비판들에 대해서 우리는 이런 이야기를 할 수 있다.

- 융합은 2개의 학문 분야, 3개의 학문 분야를 다 잘 하는 것을 의미하지 않는다. 대개 어떤 분야에서 해결이 잘 안 되는 문제는, 그 분야 내의 지적인 재원만을 가지고는 해결되기 힘든 문제인 경우가 많다. 이런 경우에 인접 분야, 혹은 세상에 대한 전혀 다른 경험에서 얻어진 아이디어가 결정적으로 도움이 되는 경우가 많다. 따라서 연구자들은 학문의 세계에서건, 혹은 더 넓은 세상에서건 다양한 경험을 하는 것이 중요하다. 물론 더 중요한 것은 이러한 이질적인 요소들을 자신이 해결하려는 문제 속에 하나로 융합해 내는 능력이며, 이러한 능력과 태도가 융합교육에서 키워질 수 있다. 창의성은 '사물을 연관시키는 힘'인 것이다.
- 협동 연구에는 두 가지 유형이 있다. 하나는 어느 정도 잘 정의된 질문이 있고, 그 답도 대개 어디에서 찾아질 수 있는지가 대략 파악된 문제를 해결하기 위해 다양한 분야의 전문가들이 팀을 만들어서 문제에 도전하는 것이다. 다른 유형은 여러 분야의 사람들이 힘을 합쳐야 해결이 가능하다는 것은 알지만, 협동의 궁극적인 결과가 특정한 문제에 대한 답을 찾는 것이라기보다 그 주제에 대한 전반적인 지식을 증가시키는 형태로 귀결되는 유형이다. 기업에서 신제품을 개발하는 과정에서

부딪히는 문제들은 대개 전자의 경우가 많고, 학계에서 한 주제를 놓고 다양한 전공을 한 사람들이 협동 연구를 하는 것은 후자의 경우도 있을 수 있다. 전자의 유형에는 각 분야를 전공한 사람들 사이에서 전문 지식이 더해짐으로써 문제가 해결되는 경우가 많지만, 후자의 경우에는 서로 다른 전공을 가진 사람들 사이에 상대를 이해하고, 다양한 지식, 언어, 문화, 암묵지(暗默知)를 섞고, 이 과정을 통해 새로운 전문 지식의 맹아를 만들어 내는 과정이 중요하다. 후자의 과정에서는, 전자의 경우에 비해 훨씬 더 개개인의 소통의 의지, 상대에 대한 호기심, 리더십 등이 중요해진다. 이 경우에는 그냥 자신의 전문 분야만 고집해서는 소통이 단절되고 협동 연구 자체가 소기의 목표를 달성하기 힘들어진다.

● 기술이나 예술의 영역에서 한 분야를 20년 동안 천착한다는 것은 우리가 말하려는 융합과 양립할 수 있다. 백남준은 세계가 인정하는 비디오 아티스트였고, 텔레비전 수상기와 비디오 합성기를 이용해서 수십 년 동안 수백 편의 작품을 만들었다. 그런데 다른 사람들이 개척하지 못한 새로운 예술의 영역을 개척할 수 있었던 데에는 여러 요소들이 영향을 미쳤다. 그는 젊었을 때 고전 음악에서 전위 음악과 전자 음악까지 전 음악의 영역을 섭렵했고, 전자 공학을 독학해서 텔레비전 회로에 대한 공학적이고 물리학적인 지식을 축적했으며, 노버트 위너(Novert Wiener)의 사이버네틱스(Cybernetics) 이론과 마셜 매클루언(Marshall McLuhan)의 미디어 이론을 흡수해서 텔레비전 미디어와 비디오 환경에 대한 독특한 사상을 발전시켰다. 이러한 맥락 속에서 그는 자신의 비디오 아트를 텔레비전 방송과 결합시키려 했고, 이것을 실현하기 위해 비디오 합성기를 직접 개발했다. 1980년대 이후에는 위성을 사용한 '위성 예술'과의 접목을 시도했다. 그의 외골수 전문성은 다양한 요소의 융합을 통해 가능했던 것이다. 그는 한 분야의 전문성을 확보한 뒤에도 끊임없이 인접 분야로의 확장을 실험했다. 전문성과 융합은 수렴과 발

산의 연쇄 속에서 서로가 서로를 만들어 내는 원천이다.

● 융합은 이것저것 잡다하게 하는 르네상스 맨을 만드는 것을 목적으로 하고 있지 않는다. 이것은 융합에 대한 흔한 오해 중 하나이다. 융합이 추구하는 바는 기후 변화, 노화의 문제, 신소재의 개발, 적정 기술, 합성 생물학같이 진정으로 중요한 문제를 해결하는 것이다. 그것이 개인에 의해서 해결이 되든 팀에 의해서 해결이 되든, 그것이 인문학이나 예술의 영역이건 혹은 과학 기술의 영역이건, 그것이 학문의 경계에 존재하건 한 분과 내에 존재하건, 융합의 목적은 우리에게 중요한 문제를 해결하는 것이다. 미해결 난제를 해결하기 위해서 필요한 것은 그 문제와 관련된 전문성인데, 지식 융합이 추구하는 것은 '융합을 통한 전문성' 혹은 '융합을 통한 창의성'인 것이다.

우리는 앞에서 상술한 이유 때문에 융합이 중요하다고 생각하지만, "융합만이 살길이다."라는 주장을 하지는 않는다. 우리가 사는 세상과 그 속에 존재하는 학문이라는 조그만 세상도 모두 일종의 유기적 시스템이다. 여기에서는 자신의 영역에서 한 우물을 파는 전문가들이 분업을 해야 잘 해결되는 문제가 있고, 분업을 넘어서 지식을 혼합해서 새로운 지식을 만들어야 잘 해결되는 문제가 있다. 회사의 경우를 봐도 혁신을 계속하는 대기업들은 유기적·창의적·융합적 역할을 담당하는 조직과 기계적·실행적·전문적 역할을 담당하는 조직이 대략적이나마 나뉘어 있으며, 이러한 조직들 사이에 밀접한 관계가 잘 유지될 때 회사가 지속적으로 혁신을 이룰 수 있다. 학문의 세계도 마찬가지다. 전문 분야 내에서 잘 해결되는 문제들이 많이 있지만, 이런 방식으로는 해결되기 힘든 문제들도 있으며, 후자의 유형들이 점차 늘어나고 또 중요해지고 있다는 것이다.

지금까지의 논의에서도 어느 정도는 제시되었지만, 융합에는 한 가지 유형만이 있는 것은 아니다. 여러 사람들이 팀을 만들거나 새로운 학문 분야를 만들어서 협력할 때, 그 조직의 통합의 정도에 따라서 그 연구를 다학제(多學制, multidisciplinary) 연구, 학제간(學制間, interdisciplinary) 연구, 초학제(超學制, transdisciplinary) 연구 등이라고 달리 부를 수 있다. 여기에서 다학제 → 학제간 → 초학제 연구로 진행되면서 융합의 정도가 더 깊어지고 학문의 토대에서의 융합이 이루어진다. 이렇게 융합 학문이 시작되어 이것이 잘 자리 잡으면 융합적 성격이 강했던 연구는 하나의 학제로 정착하면서 다른 학제들이 보이는 특성을 보이게 된다.

여기에서 이 책에 사용된 번역에 대해서 잠깐 언급할 필요가 있다. 학문 분과를 의미하는 영어의 discipline이란 단어는 보통 학과, 교과, 학제(學制)로 번역된다. 이 책에서 융합 연구라고 하는 것은 대부분 interdisciplinary 연구를 의미하는데, discipline을 학제(學制)라고 한다면 interdisciplinary는 학제간(學制間)이라고 할 수 있다. 그런데 우리말에 학제(學際)라는 말이 있는데, 이것은 "2개 이상의 전문 분야에 걸친 학문상의 영역 및 그와 같은 영역의 연구에 관여하는 제학문의 협동·협업 관계"를 의미한다. 따라서 이 학제를 사용할 경우에는 interdisciplinary는 그냥 학제(學際) 혹은 학제적(學際的)이 된다. 어떤 사람은 융합 연구를 '학제간 연구'라고 하고, 또 어떤 사람은 '학제적 연구'라고 하는 데에는 이런 이유가 있다.

이 책에서는 융합 연구를 의미하는 interdisciplinary를 '학제간'이라는 용어로 통일해서 사용할 것이다. interdisciplinary research는 보통 지식을 구성하는 방법론, 이론, 모형, 법칙 들이 융합되어 새로운 지식이 만들어지는 과정을 수반하는 연구를 의미한다. 이 외에도 조금 다른 단어들이 사용되는 경우가 있는데, 여러 분야의 전문가들이 기여해서 하나의 문제를 해결하는 것은 multidisciplinary research라고 하며, 이 책에서는 이것을 다학제(多學制) 연구로 번역했다. 최근에 transdisciplinary라는 단어도 자주 사용되는데, 이것은 초학제(超學制)로 번역할 수 있다.

융합되는 학문의 이질성의 정도에 따라서 지식 융합을 나눠 볼 수도 있다.

그런데 융합에서의 이질성은 우리가 일반적으로 생각하는 학문 사이의 거리와는 조금 다르다. 네트워크를 연구하는 물리학자는 화학 물리학을 전공하는 물리학자보다는 사회학자와 더 의미 있는 융합 연구를 할 수 있기 때문이다. 따라서 과학과 인문학의 융합이, 과학과 과학 사이의 융합보다 항상 더 어려우리라는 법은 없다. 융합에는 분야 사이의 거리만이 아니라 학문의 목표, 문화, 가치관, 언어 등이 개입하기 때문이다.

방법론에 따라서 융합을 나눠 볼 수도 있다. 물리학과 생물학이 만나서 분자 생물학이 되었는데, 이 과정에서는 생명 현상을 물리적 단위로 환원시키는 환원론적 방법론이 지배적이었다. 반면에 두 분야의 융합에서 한 분야가 다른 한 분야로 환원되지 않고, 각각의 분야가 자신의 정체성을 어느 정도 유지하면서 두 분야의 접점이나 인터페이스가 확장되어 새로운 분야가 만들어지는 경우가 있다. 두 분야가 섞이면서 그 사이에서 간단한 공통 언어가 만들어지고, 이 간단한 공통 언어가 복잡해지고 성장하면서 독립적인 분야로 확장되는 형태이다. 이러한 융합은 환원론적이라기보다는 전체론적인 특성을 지닌다.

이 책에서는 지식의 융합, 그중에서도 학문의 융합을 주로 다룬다. 이 책의 1부 「융합의 이론과 실천」은 이론적인 문제를 다루고 있다. 1장(박상욱)에서는 융합의 지형도를 전반적으로 진단하면서, 융합이 맞닥뜨리는 여러 어려움과 문제점을 드러낸 뒤에 융합의 가능성을 모색한다. 2장(홍성욱)은 개인과 팀의 차원에서 일어나는 융합을 '벡터 모형'을 사용해서 설명한다. 이질적인 요소들이 결합해서 새로운 창의성을 낳는다는 것이 이 장의 주장이다. 이어 2부 「성공 융합의 사례들」에서는 새로운 학문 분야의 형성에 융합이 어떤 기여를 하는지를 다루고 있다. 3장(박형욱)은 미국에서 다학제 분야인 노화학 분야의 형성을 분석하고 있으며, 4장(최형섭)은 제2차 세계 대전 이후 신소재를 다루는 재료 과학 분야의 형성, 5장(전진권, 장대익)은 지금 진행되는 합성 생물학 분야의 형성 과정을 다루고 있다. 이런 분야들은 모두 다학제적, 혹은 학제간적 성격이 강한 융합 학문 분야인데, 각각의 분야가 형성되는 과정에서 특정한 학문적·사회적·제도적·전략적·인적인 조건들이 융합을 더 촉진하기도 하고, 융합을 저해하기도 한다는 것을 알 수 있을 것이다. 3부 「융합의 확장」은 제목 그대로 융합의 확장을 다루고 있다. 6장(장하원)은 요즘 활발하게 논의되는 '적정 기술'을 융합의 관점에서 분석한다. 적정 기술 운동이 성공하기 위해서는 다양한 경험과 지식이 융합되는 것이 필요할 뿐만 아니라, 적정 기술 그 자체가 융합적인 성격을 지닌 존재라는 것이 이 장의 주장이다. 7장(장대익)은 진화 속에서 일어나는 융합을 다룬다. 여기에서 우리는 수억 년 이상의 진화 과정에서 발생한 융합과 지금 인간이 만들어 내는 융합 사이에 흥미로운 공통점과 차이점을 발견할 수 있다. 마지막 8장(임종태, 변학문)은 왜 우리 사회가 융합에 취약한가 하는 문제 의식을 가지고 한국에서의 과학과 인문학 사이의 '두 문화'의 문제를 짚은 뒤에, 미래 지향적으로 두 문화의 문제를 극복할 수 있는 한 가지 가능성을 제안한다.

새로운 지식을 만들어 내기 위해서, 기술 위험이나 기후 변화와 같은 학제 간적 성격의 문제를 해결하기 위해서, 창의적인 혁신을 위해서 융합 연구가 꼭 필요하다는 것이 우리의 주장이다. 그런데 융합의 의의가 여기서 끝나는 것이 아니다. 융합을 하기 위해서는 자신이 알고 있는 사실이나 이론에 자물쇠를 채워서는 안 된다. 게다가 나와 다른 이들의 문화적이고 언어적인 차이를 읽어야 하고, 다른 사람의 입장에서 내 자신의 소통 가능성을 가늠해 봐야 한다. 융합을 하는 과정에서는 이런 섬세함과 성찰성, 그리고 감성이 요구된다. 지금까지 전문 분야의 발달이 마치 물이 나올 때 까지 우물을 파 내려가는 외골수의 활동으로 특징지어진다면, 융합은 자신과 주변을 둘러보고, 불확실성을 참아내며, 실패를 용인하는 과정을 필수적으로 포함한다. 융합은 더 새롭고 더 혁신적인 것을 추구함으로써, 세상을 더 살 만한 가치가 있는 곳으로 만드는 활동과 그 궤를 같이 한다. 현재의 융합은 우리 미래에 대한 희망의 메시지인 것이다.

　이 책의 출간까지는 많은 분들의 도움이 있었다. 우선 이 책을 낳게 된 '지식 융합과 미래 STS' 프로젝트를 지원해 준 한국과학창의재단과 재단의 강혜련 이사장님께 깊은 감사를 표한다. 책에는 직접 기여하지 못했지만 지난 1년간 프로젝트의 실무를 도왔던 정세권 선생, 실험 세미나와 융합 워크샵 준비를 도왔던 원주영 군과 다른 연구조원들에게도 감사를 표한다. 그리고 책을 깔끔하게 만들어 주고 또 편집 과정에서 많은 도움을 준 ㈜사이언스북스 식구들에게도 고맙다는 말을 하고 싶다. 특히 융합이 중요하다는 우리의 이야기에 동의하시고 선뜻 출판을 결정하신 박상준 대표님께 깊은 감사의 마음을 전하고 싶다. 이 분들의 노력과 결정이 없었다면 이 책의 각 장은 아직 필자들의 컴퓨터 속에 저장된 파일로만 남아 있었을 것이기에.

홍성욱(서울 대학교 생명 과학부·과학사 및 과학 철학 협동 과정 교수)

차례

1부

융합의 이론과 실천

1장 융합은 얼마나

이론상의 가능성과 실천상의 장벽에 관하여

I. 들어가며: 학문 융합이란?

바야흐로 융합의 시대, 융합이 소위 '대세'인 시대이다. 너도나도 융합을 하겠다, 융합을 해야 한다고 말한다. 이 글을 쓰고 있는 2011년 말 현재 거대한 대중적 파괴력을 가진 정치 유망주의 약력에서도 '융합'이라는 두 글자가 보일 정도이다. 좋든 싫든, 바람직하든 하지 않든, 우리는 융합의 홍수 속에 살고 있다.

그렇다면 우리를 온통 둘러싸고 있는 이 '융합'이라는 단어의 정의는 무엇인가? 「네이버 국어 사전」에 따르면 융합이란 "다른 종류의 것이 녹아서 서로 구별이 없게 하나로 합하여지거나 그렇게 만듦."이다. 이 글에서는 여러 종류의 융합 중에서 지식의 융합, 그중에서도 학문의 융합을 다룰 것이다. 그렇다면 학문 융합의 사전적 의미는 "다른 종류의 학제(學制, discipline)에 기반한 학문이 하나로 합하여지거나 그렇게 만듦."이라고 정의하는 것이 간편하겠다. 사실 지금 사용되고 있는 '융합'이라는 키워드는 일종의 대표어이자 레토릭이다. 몇 년 전 거세게 유행했던 '통섭(統攝, consilience)'을 일부 대체

하며 부상한 개념이다. 통섭이란 원래 주로 자연 과학과 인문학 사이의 '넘나듦'과 '두루 통함'을 뜻하는 말이며(Wilson, 2005; 최재천·주일우, 2007), 특별히 신생 학문의 등장을 전제하거나 규범화하고 있는 것은 아니다.

통섭보다 먼저 인기를 끌었던 용어로는 '컨버전스(convergence)'가 있다. 컨버전스란 원래 수렴, 즉 여러 갈래의 경로가 한 점으로 모이는 듯한 현상을 뜻하는 용어이나, 정보 통신 기술 분야에서는 여러 가지 기능을 한 제품에 모아 놓는 것, 또는 이전에 별도의 기기와 서비스를 통해 구현되던 기능들이 하나로 융합되는 것을 뜻하게 되었다. 예를 들어 일상 용도의 디지털 캠코더와 디지털 카메라는 더 이상 구별되지 않고, mp3 전용 플레이어도 휴대 전화에 기능이 흡수되어 거의 자취를 감추었다.

컨버전스의 개념은 여전히 유용하지만, 유독 학문 융합에 대해서는 컨버전스라는 용어보다 '융합'이 선호되고 있다. 그 이유는, 컨버전스 개념이 갖는 강력한 수렴성, 즉 수렴점을 제외한 나머지 부분의 소멸성 때문이다. 학문 융합의 경우, 기존 학제들이 여러 기작(다음 절에서 살펴볼 것이다.)을 거쳐 새로운 융합 학문을 탄생시키더라도 기존 학제가 사라져 버리는 일은 없기 때문이다. 적어도 학제라는 개념이 성립한 이후의 역사를 보았을 때 그렇다. 새로운 융합 학문의 탄생은 여러 학제들의 수렴의 과정이 아니라, 결과적으로는 분화의 과정이다. (Carroll, 2001) 두 학제가 만나 하나가 되는 것이 아니라 셋이 되는 것이다.

융합을 대신하여 간혹 사용되는 '통합(integration)' 역시 '컨버전스'와 마찬가지로 적합하지 않다. 통합이라는 개념 역시 역분화(逆分化)적인데다가, 융합이 '서로 녹아듦'이라는 어감을 갖고 있는 것과 비교해 통합은 '서로 합쳐짐'의 어감을 가졌기 때문이다. 과학의 용어로 비유하자면 융합은 화학적 결합, 통합은 물리적 결합에 어울린다. 그렇게 융합이라는 용어는 학문 간 상호 작용을 통해 새로운 무언가를 창출하는 행위를 지칭하는 개념으로서 사회적으로 선택되고 합의되었다. 이렇게 형성된 융합 담론에 대한 비판은 뒤의 3절에서 좀 더 다루기로 한다.

이 글에서는 융합 학문의 형성 과정에 대해 고찰해 보고(2절), 우리 사회의 융합 담론에 대해 생각해 보며(3절), 그럼에도 불구하고 직면하게 되는 현실적인 장벽들을 열거하며(4절), 마지막으로 융합에 대해 진지한 몇 가지 질문을 던지는 것으로 마무리할 것이다. 이 글을 통해 융합에 대한 결론을 내리려고 시도하지 않을 것이며, 다만 융합에 관한 더욱 풍부한 논의를 위한 단초가 되는 것을 목표로 한다.

2. 학문 융합의 과정

1) 새로운 융합 학문의 구성 요소

새로운 학문의 형성 과정을 논하기 위해 먼저 알아보아야 할 것은 바로 '학제(學制, discipline)'라는 개념이다.* 학문은 지식과 지식의 체계를 뜻하나, '학제'는 거기에 학자 커뮤니티와 관련 제도(institutions)를 더한 개념이다. 예를 들어, 물리학이라는 학문에 대한 물리학이라는 학제는, 물리학 지식과 지식 체계에 덧붙여 물리학자들과 그들의 연결망, 학회, 대학의 물리학과라는 체제 등 물리학 연구 및 교육과 관련된 각종 제도를 포함한 것이다. 또한 '학제'는 그 학제에 속한 구성원들이 공유하는 자기 정체성에 대한 인식론적 기반 ― '나는 물리학자다!' ― 이 있어야 하며, 그 학제가 다소간 배타적

---

* 이 장에서 사용하는 학제(discipline)는 한자로 학제(學制)이다. 즉 제도화된 학문이라는 개념으로서, 완성된 지식 체계를 갖추었을 뿐 아니라 관련된 조직, 규범, 제도, 그리고 사회적 인식을 갖춘 것이다. 연구자에 따라서는 학제(學際)를 사용하기도 하는데, 이 용어는 '학문 사이' 또는 '학문들의 만남'을 뜻하고 영어로는 interdiscipline이 된다. 이 글에서는 후자를 가리키는 용어로 '학제간(學制間)'을 사용했다.

으로 점유하고 있는 학문적 영토(영역)가 존재해야 한다. 다만, 이러한 인식론적 기반과 학문적 영토 사이에는 어떠한 선후 관계나 인과 관계가 존재하는 것은 아니어서, 새로운 융합 학문 형성의 결과로서 뒤따르는 것들일 수도 있다.

따라서 하나의 학제를 구성하는 핵심 요소로서 다음의 세 가지를 제안한다. 첫째, **지식 기반(knowledge base)**이다. 구성원들이 공유하는 합의된 지식과 그 체계, 그리고 인정되는 방법론을 뜻한다. 둘째, **구성원**과 그들의 **네트워크**이다. (Leydesdorff and Rafols, 2009) 이것은 학제의 인적 요소이자 유일한 유형 요소이다. 셋째, **학술적 제도(academic institutions)**이다. 대학과 연구소의 체제, 연구 개발 지원 체계 및 행정 체계, 관련된 법, 규칙, 그리고 규범, 나아가 문화적 측면이 여기에 속한다. 새로운 융합 학문의 형성 과정은 바로 이세 가지 구성 요소가 형성되는 과정으로 볼 수 있다.

2) 새로운 융합 학문의 형성 과정

기존 학제들의 접점에서 융합 학문이 형성되는 과정을 과감히 일반화하면 다음과 같다. 첫 단계는 여러 학제들이 동시에 또는 순차적으로 어떠한 한 가지 소재 또는 주제에 대해 관심을 갖고 연구와 교육의 대상으로 삼는 것이다. 그런 소재 또는 주제는 사회적 수요 또는 경제적 수요를 인식함으로써 발견되기도 하고, 정책적 주의 환기로부터 촉발될 수도 있으며, 특정한 문제 해결을 위해 — 특히 기존의 단일 학제만으로 해결되지 않는 복합적인 문제의 경우 — 머리를 맞대면서 형성되기도 한다. (Klein, 1996; Klein et al., 2001) 다르게 말하자면 외견상 자연스러운 학문 팽창과 중첩의 흐름상에서 융합 현상이 일어나는 것이 보통이나, (Kiss et al., 2010) 다분히 인위적인 접합 노력을 통해 일어날 수도 있으며, 심지어 그저 우연히 일어날 수도 있다. 개별 연구자가 소속 학제의 영토에서 빈자리를 찾다 타학제의 영역으로 흘러 들어간 침범의 결과일 수도 있고, 다른 학제의 방법론이나 아이디어를 차용하는 데서 비롯되기도 한다. (Ziman, 1999; Nicolescu, 2008) 많은 경우 인간의 호기심과 새로운 것을 추구하는 성향 덕이기도 하다. 마치 다른 방향에서 금맥을 찾아 땅을 파고 들어간 광부가 서로 만나는 것과 같다.

몇 가지 사례를 들어 보자. 대표적인 융합 학문인 뇌 인지 과학은 뇌의 작동과 인간의 생각에 대한 궁금증을 가졌던 여러 학제들 ─ 의학, 심리학, 생물학, 나아가 컴퓨터 공학과 의공학 등 ─ 이 오랜 기간에 걸쳐 '뇌'라는 공통의 목표점에 다가간(또한 다가가고 있는) 결과이다. (이인식, 2008) 재료 과학은 물리학, 화학, 재료 공학 등이 물질이라는 공통 대상에 대해 학문 영역을 확장해 나가다 중첩이 생기며 융합한 결과물이다. 반면 나노 과학은 정책적 이니셔티브에 따라 선언적으로 형성된 측면이 있고, 비교적 최근 등장한 소위 '그린 에너지 공학'은 사회 경제적 수요에 부응한 이합집산 현상에 가깝다. 또한 기술 경영학(management of technology, MOT)의 경우 특히 국내에서는 공학의 영역에서 활용되는 경영학의 성격을 갖고 있어 중첩 현상이라기보다는 다른 학제를 기존 학제 내로 수용한 형국이다. 이처럼 융합의 형태와 양상은 다양하다. 다만 강조하고자 하는 것은 이러한 다양한 경우들에 공통적으로 지식 기반, 네트워크, 그리고 제도의 형성이라는 신융합 학문의 형성 과정이 관측된다는 점이다.

새로운 융합 학문은 항상 기존의 학제들로부터 파생된다. 하루아침에 땅에서 솟는 학문이란 성립할 수 없다. 그렇다면 신융합 학문의 형성 과정을 기존 학제들과의 관계를 통해 다음 **표 1**과 같이 다학제 학문-학제간 학문-신융합 학제의 세 단계로 구분할 수 있을 것이다.

3) 학문 융합의 유인

경제학적 세계관을 차용하자면, 학문 융합에 참여하는 주체들에게는 합리적 이유가 있어야 한다. 쉽게 말하자면 융합을 통해 얻는 것(또는 기대하는

표 1 신융합 학문의 형성 단계

	다학제 학문	학제간 학문	신융합 학제
학문 커뮤니티	기존 학제 기반	기존 학제에서 양성된 연구자들에 의한 학제간 조직의 등장(협동 과정 등)	연구/교육자 자체 수급 독립되고 안정된 학문 조직
관점	기반한 학제에 따라 다른 관점	관점들의 경쟁	몇 가지로 수렴
방법론	학제에 따라 다른 방법론 선호	여러 가지 방법론 혼용	선호되는 방법론 존재
지식 기반	기존 학제	집합적	지식 기반 완성
인식론 및 제도	기존 학제	니치로 인식 불완전하고 불안정한 제도	주류 학문의 일종으로 인식

것)이 있기 때문에 융합이 일어난다는 것이다. 먼저 개인 수준에서 보면, 개별 연구자가 애초에 융합적인 학문 연구를 수행하는 것은 많은 경우 지적 호기심과 개척 정신의 발로이거나, 학문 조류에 따라 자신도 모르는 채 융합의 접점에 서게 된 경우일 것이다. 하지만 만약 융합적 성격의 연구에 대한 정부 또는 소속 기관의 지원이 늘어난다면 연구자는 경쟁 회피의 방법으로 융합 연구를 전략적으로 선택할 것이다.

그렇다면 왜 조직 수준에서는 융합적 연구를 지향하게 될까? 기업 수준에서는 당면한 문제 해결을 위해 여러 학제의 조력을 필요로 하는 경우가 많을 것이다. 당면한 문제라 함은 작은 기술적 해법이나 돌파구일 수도 있고, 새로운 제품, 서비스, 또는 시장의 개발일 수도 있다. 즉 새로운 부가 가치 창출을 위해 융합적인 접근법을 취한다는 것이다. 이것은 앞 절에서 짧게 살펴본 컨버전스의 개념에 부합하는 것이다. 그런데 기업 수준에서 일어나는 융합 현상들은 인적 교류를 통해 학문 융합을 위한 자극제로 작용할 수는 있어도 학문 융합 자체를 구성할 수는 없다. 왜냐면 기업은 학제의 직접적 구성 요소가 아니기 때문이다. 국가 수준을 생각해 보면, 기업과 달리 한 나라의 정부는 학문 융합에서 주요한 주체로서 작용할 수 있다. 정책과 제도를 통해 기존 학제들에 대한 영향을 행사할 수 있기 때문이다. 물론, 그러한 정책들은 정부 관료의 머릿속에서 시작되기보다는 소수의 선도적 연구자들의 요구에 응하는 과정에서 형성된다. 그러나 추종형 연구자들은 정부 정책의 영향을 받는다. 즉 융합 현상과 그에 부합하는 정부 정책은 일종의 공진화(共進化) 패턴을 보인다.

　그렇다면 정부는 인위적 융합으로부터 무엇을 기대하는가? 정부의 정책 행위는 납세자의 돈과 시민이 위탁한 권력에 기반한 것으로서 책임성(accountability)과 정당한 근거(rationale)가 필수적이다. 즉 다른 곳에 쓸 수도 있는 역량과 자원을 융합 학문을 지원하는 일에 투입하는 데에는 합리적 이유가 있어야 한다는 뜻이다. 종종 접하게 되는 정당화 논리는, 융합이 새롭고 창의적인 성과물을 도출하는 효과적인, 아니 거의 유일한 방법이라는 것이다. 마치 '발상의 전환'과 비슷하다. 기존의 학제들도 끊임없이 새롭고 창의적인 결과들을 생산하고 있음에도 불구하고, 융합의 그것들에 비하면 점진적인(incremental) 것들로 치부되고, 급진적(radical)인 혁신은 융합에서 나오는 것으로 (뚜렷한 근거도 없이) 여겨지고 있다. 이것은 기존 학제만으로는 성장의 한계에 도달했다는 위기 의식과, 경쟁에서 승리하고 추격으로부터 달아나야 한다는 압박감으로 인해 증폭된다. 기초 과학과 같은 기저 역량이 성장하기를 기다리는 대신 즉시 써먹을 거리를 찾는 조급증도 한몫 한다. 새로운 요리를 만들기 위해 새로운 재료와 조리법부터 찾아 나서는 대신, 다 되어 있는 요리들을 섞어서 새로운 맛과 모양을 내 보겠다는 것과 같다. 그저 그런 요리에 그치고 마는 실패의 가능성은 증폭된 기대에 가려 간과되기 쉽다. 요약하자면, 요즘 융합의 인기에는 나름의 설명 가능한 이유가 있다. 이 인기가 거품일지도 모른다는 경고는 다음 절에 이어진다.

3. 우리 사회의 융합 담론에 대한 비판적 성찰

1) 융합의 실현 가능성에 대한 기대

역사도, 문화도, 방법론도, 시각도, 언어도 전혀 다른 두 학문을 인위적으로 섞어 융합하는 것은 가능할까? 이 질문에 대한 대답에는 큰 이견이 존재하지 않을 것이다. 그러나 융합의 실현 가능성을 낙관하는 이들은 이렇게 반박할 것이다. "융합되기 쉬운 인접 학문이나 같은 대상을 공유하는 학문이라면 약간의 촉진제만으로도 충분히 융합에 도달할 수 있다." 과연 그런가? 그렇다면 어떤 학문과 어떤 학문이 얼마나 '인접'한 것인지는 어떻게 측정할 수 있는 것인가. 예를 들어 물리학과 화학의 학문적 '거리'는 물리학과 사회학에 비해 가까운가, 먼가?

비교적 최근에 등장한 '사회 물리학(social physics)'은 사회 현상을 물리학의 틀로 설명하려는 학문 분야이다. 예를 들어 두 도시 사이의 물동량을 만유인력 모형으로 표현한다든가, 소셜 네트워크 서비스(social network service, SNS)의 네트워크 진화를 복잡계 물리학으로 설명한다든가, 사람들의 행동을 통계 역학적으로 설명한다든가 하는 것으로, 매우 흥미진진한 융합 학문이라 할 수 있다. 화학과의 전공 과목 중에 '물리 화학(physical chemistry)'이 있고 물리학과 전공 과목 중에 '화학 물리학(chemical physics)'이 있지만 그 과목들은 각각 물리학을 차용한 화학과, 화학 현상을 대상으로 한 물리학으로서 서로 다른 관점을 지니고 있는 분과 학문이자 학제이다. 무엇보다도, 물리 화학과 화학 물리학은 같은 과목이 아니다. 융합되지 않은 것이다. '이과와 문과'라는 이분법에 익숙한 한국 사람들로서는 자연 과학과 사회 과학으로 갈라진 물리학과 사회학이 물리학과 화학보다 융합 학문을 잉태하기 쉬울지도 모른다는 것을 받아들이기 힘들지도 모른다.

여러 학제는 각기 상이한 극성(polarity)을 가진다.* 비교적 잘 섞이는 학제들이 있고, 섞이기 어려운 학제들이 있다. 학제의 극성은 세계관, 주로 사용되는 방법론과 접근 방식, 규범성의 정도, 그리고 실용성 등으로 구성된다. 이러한 극성의 구성 요소들은 흔히 '학풍'이라고 불리기도 하는데, 해당 학문 커뮤니티의 문화, 규범, 암묵지와 불문율을 포함한다. 학제에 따라 엄밀한 과학적 객관성을 중요시하기도 하고, 사회 진보를 지향하는 규범적 성격과 현실 참여를 중시하기도 한다. (홍성욱, 2004; 홍성욱, 2006) 정량적 방법론과 수식을 즐겨 사용하는 학제가 있고, 내러티브와 맥락을 강조하는 학제가 있다. 거시적이고 담론적인 학문도, 미시적이고 실천적인 학문도 있다. 의학과 한의학의 관계처럼, 인체라는 같은 대상과 질병의 치유라는 같은 목적을 공유하면서도 역사와 전통을 달리하기에 갖는 상이한 철학과 현실적 이해 관계 탓에 융합되기 어려운 경우도 있다.

이처럼 융합의 용이성과 가능성의 정도는 복합적으로 작용하는 인자들에 따라 달라진다. 즉 사람들이 잘 섞일 것으로 예상하여 인위적인 융합 노력을 일차적으로 투자하는 학문들이 융합에 이를 것인지에 대해 어떠한 낙관도 불가능하다. 그런데 최근 우리 사회의 융합 담론과 그에 따른 융합 시도들을 보면 인위적 융합의 실현 가능성에 대해 지나칠 정도로 낙관적이며 매우 막연하고 모호한 기대에 근거하고 있다. 역사 속에서 여러 학문 분야들로부터 신생 융합 학문이 형성되는 경우를 보면, 융합 현상은 점진적으로 진행되며, 지식 기반과 인적 네트워크가 함께 형성된다. 그 과정에서 외부 환경의 변화에 대한 적응 기작이 작동하고, 유사한 신생 학문 분야와의 경쟁과 그에 따른 합병과 도태도 관찰될 것이다. 즉 신생 융합 학문의 형성 과정은 진화적 과정이다. 그리고 융합 현상은 그러한 진화적 현상의 초기 동인이 아니라 결과로서 관측되는 것이다. 달리 말하자면 신생 융합 학문의 등장은 항상 결

---

* 화학에서 다루는 분자의 극성을 차용해 지식 융합을 설명해 보았다.

과론적인 것이며, 융합이 먼저 선언되고 융합 현상이 뒤를 잇는 것은 아니다. 인위적으로 융합을 촉진한다는 것은 수많은 실패의 씨앗을 뿌린다는 것과 같다.

2) 융합의 성과에 대한 기대

혹자는 수많은 실패에도 불구하고 성공적인 융합을 몇 사례라도 얻는다면 그것으로 의미가 있다고 말할 것이다. 성공적인 융합이 가져다줄 값진 성과가 그 모든 실패를 보상하고도 남을 것이기 때문이다. 하지만 이 역시 과장된 기대에 해당한다. 다음과 같이 반문해 보자. 그 '성과'는 반드시 융합을 통해서만 얻을 수 있는 것인가? 성과로서는 일차적으로는 과학적 지식의 증진과 새로운 기술의 확보(또는 기술적 해법의 확보)를 들 수 있고, 이차적으로는 산업 경쟁력 제고, 신산업 육성과 일자리 창출을, 좀 더 멀리 간접적·파생적·중장기적인 성과로는 경제 성장과 사회 변화를 들 수 있을 것이다. 과연, 이러한 성과들은 반드시 융합을 통해서만 도달할 수 있는 것인가? 만약 융합이 아닌 다른 경로 — 예를 들어 기존 지식의 지속적 발전과 활용, 대안적 기술의 모색 등 — 로도 비슷한 성과를 얻을 수 있다면, 융합의 실패 확률을 감안한 '융합의 사회적 비용'을 고려해야 한다. 융합이 가져다줄 성과는 융합의 (값비싼) 사회적 비용을 정당화할 수 있을까?

다음 쪽에 있는 **그림 1**은 가트너 그룹(Gartner Group)이 제안한, 신기술에 대한 거품 기대 주기(hype cycle)이다. 물론, 융합은 단일한 신기술이 아니기 때문에 융합에 대한 기대의 변화가 이 그래프에 완전히 부합하는 것은 아니지만, 비교적 새로운 개념인 '융합 기술'을, 현재 실체는 뚜렷하지 않지만 미래의 효용에 대한 기대에 의존하고 있는 일종의 신기술로 본다면 이 그래프에서 일정한 시사점을 얻을 수 있을 것이다. 융합에 대한 기대는 우리 한국 사회에서 2011년 현재 최고점에 이른 것으로 보인다. 그래프의 거품 기대 주

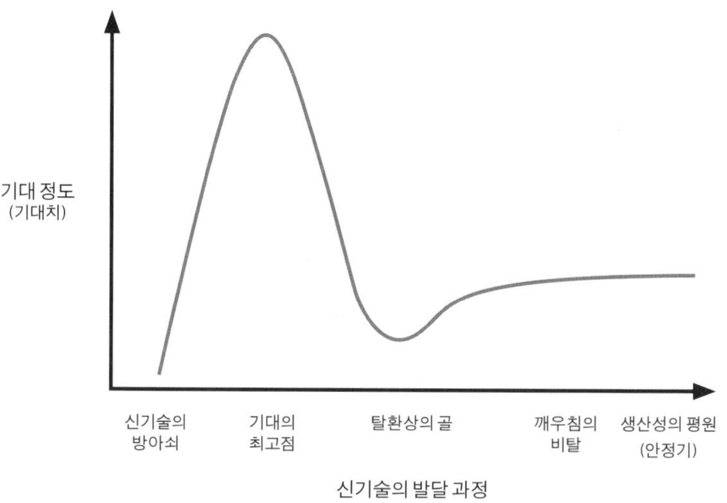

그림 1 가트너 그룹이 제안한 신기술에 대한 거품 기대 주기 그래프. 융합에 대한 기대는 정점에 도달한 게 아닐까? Borup et al. (2006)에서 재인용한 것이다.

기에 따르면 다음 단계는 '탈환상의 골(trough of dillusionment)'이다.* 기대가 클수록 실망이 크다고 했던가, 거대한 기대는 성과물을 재촉하지만 돌아오는 것이 보잘것없을 경우 실망 이상의 역화(逆火, backfire)가 덮쳐오는 것이다. 부풀려진 기대는 지금 융합을 촉진하기 위한 각종 투자를 지탱하고 있을 뿐만 아니라 그 투자의 책임성과 효과성에 대한 질문을 차단하고 있기도 하다. 융합이 부풀려진 기대에 부응할 수 있는 정도의 가시적이고 실효적인 성과를 기대되는 시점에 내어 놓지 못한다면 단순히 "융합의 인기가 예전만 못하다."라고 낮게 평가되는 정도에 그치는 것이 아니라 융합에 적극 나섰던 이

---

* disillusionment은 환멸(幻滅)이라는 뜻도 있지만 여기서는 큰 기대에 대한 환상이 깨진다는 뜻으로 '탈환상'이라는 단어를 썼다.

들이 공격당하고 융합 관련 조직들이 해체되며 융합이 배척당하는 역풍에 휘말리게 될 것이다. 이런 최악의 경우가 현실로 닥친다면 바람직하게 진행되고 있던 융합과 성공 가능성이 큰 융합 활동들마저 타격 입는 것을 피할 수 없다.

부풀려진 기대의 또 다른 부작용은 조급증이다. 전술했듯이 새로운 융합 학문은 학제간 분야로 시작하여 다학제 분야를 진화적으로 거쳐 천천히 형성된다. 이러한 진화적 경로에 어울리는 공간은 틈새(niche) 공간이다. 틈새는 기존의 주류 학제들의 사이에 작은 규모로 허락되는, 학문적 다양성과 신학문 성장을 위한 실험 공간이다. 틈새 공간의 학문을 위한 조직은 하나의 연구실로부터 시작하여 몇 개의 연구실 연합, 협동 과정이나 특별 프로그램 등으로 성장하고, 학문적 성취, 배출 인력을 통한 학술 커뮤니티의 융성, 그리고 정치적 성공까지 결합되면 비로소 새로운 학제가 된다. 주요 대학에 학과와 대학원이 설치되고 '~학자'라고 스스로 인식하고 남들이 인정하는 전문가 집단이 가시적으로 형성되는 것이다. 이러한 진화에는 최소한 한 학문 세대, 즉 초창기 학생이 박사 학위를 받고 경력을 쌓아 교수가 되는 데에 걸리는 시간인 10~20년의 시간이 걸린다. 그것도 사회적 수요가 높고 기타 모든 주변 여건이 우호적인 경우에 해당한다. 그런데, 근래 한국의 융합 노력은 이 단계들과 시간을 생략하고 있다. 곧바로 대학원을 설립하고, 다른 학제에서 양성된 연구자들로 자리를 채우고는 융합 학제의 명칭을 작명하여 간판에 적어 넣고 있다. 부자연스러움에도 불구하고 이러한 단계 생략(stage skipping) 전략은 일정 부분 성공할지도 모른다. 그러나 성공을 위해서 반드시 필요한 조건은, 비록 선후는 바뀌었을지언정 진화를 위한 융통성을 허락하고 인내하며 기다리는 것이다.

'탈환상의 골' 다음은 '깨우침의 비탈'이다. 애초의 기대에는 못 미치더라도 제한적 영역에서 성과가 나타나면서 적정한 기대 수준을 회복하는 것이다. 꾸준한 발전은 '안정기'에 이르게 한다. 융합에 대한 부푼 기대가 일부 실패 사례로 인해 깊은 실망으로 이어지더라도 융합적 학문 활동에 대한 적절한 지원과 관리는 계속되어야 한다.

3) 현상 진단과 비판

앞 절에서 융합의 실현 가능성과 성과에 대한 기대를 다룬 것에 이어, 이 절에서는 우리나라에서 융합을 추구하는 활동들과 관련한 현상들을 비판적으로 진단해 보고자 한다.

첫째, 인위적 융합을 개시하는 방식을 보면 하향식(top-down)이고 선언적이다. 연구자들의 상향식(bottom-up) 요구에 따라 시작되기보다는 정책적 결정 — 때로는 정치적 이해에 따라 전시성으로 — 에 따라 시작된다. 최근 서울 대학교의 융합 기술 대학원장에게 정치권의 러브콜이 쏟아지고 그의 대중적·정치적 인기가 높아지면서 정치적 수사로서의 '융합'의 가치는 더욱 높아졌다.

둘째, 융합의 형식을 보면 다분히 하드웨어적 집합에 머물고 있다. 융합을 기치로 내건 신설 조직이 신축 건물에 들어서고, 섞을 대상으로 선택된 학제들을 같은 지붕 아래 모은 형국이다. 연구 활동의 형태도 공동 연구보다는 정보 기술(IT) 융합, 나노 기술(NT), 그린 에너지 등 거대한 담론적 주제를 가지고 각개의 연구를 진행하는 식이다. 말하자면, 굳이 물리적으로 같은 지붕 아래에서 연구하지 않더라도 전혀 이상할 것이 없는 연구들을 따로따로 수행하는 경우가 많다. 융합을 촉진하기 위해 형식적인 내부 발표회, 교류회 등이 개최되고 있지만 일선 연구자들은 상호 소통의 어려움과 비효율로 인한 애로점을 토로하는 형편이다. 소위 '융합의 피로'이다.

셋째, 융합 자체가 목적이 되고 있다. 융합은 더 나은 연구를 위한 방법이고, 창의적 아이디어 발현을 촉진하기 위한 방법이다. 즉 지식의 진보를 위한 (여러 가지의 길 중) 하나의 길이다. '융합하기' 자체가 목적이 되어서는 안 된다.

이것은 아무 목적 없이 융합한다는 의미나 마찬가지이기 때문이다.

넷째, 바람직한 융합의 지향에 대한 고민이 없다. 학문 융합의 개념은 우리 사회에서 외생적인 것이다. 즉 해외로부터 받아들인 개념인데, 이 개념에 대한 비판적 체화 과정을 충분히 거치지 못한 채 성공한 정치적 레토릭이 되고 말았다. 또한 융합을 추구하는 이유가 산업 경제적 성과에 대한 기대에 치우쳐 있는 것도 문제이다. 융합의 과정뿐만 아니라 결과 역시 사회적인 것이며, 융합이 사회적 목표를 가질 수 있는 것도 당연하다.

다섯째, 이공계와 인문 사회계라는 뿌리 깊은 이분법(Snow, 2001)과 두 분야 사이에 놓인 높은 장벽을 극복하지 못하고 있다. 융합을 표방하는 대부분의 신설 조직은 이공계 내의 학제간 융합에 집중하고 있는 것이 현실이다. 드물게 명맥을 유지하는 이공계-인문 사회계 융합 학과의 경우 내용을 들여다보면 대등한 결합이 아닌 경우가 많다. 복잡한 사회적 문제들, 특히 과학 기술과 사회의 관계와 얽혀 있는 문제들에 대응하는 데에 융합 학문의 장점이 발휘될 수 있음에도 불구하고(홍성욱, 2006), 이공계와 인문 사회계 학문들을 융합하는 활동이 부족하다. 따라서 앞에서 언급한 대로 사회적 목표의 융합이 자리할 기회가 결여된 상황이다.

여섯째, 많은 융합 노력이 대학 및 대학원 교육과 연계되어 있음에도 불구하고, 융합형 인재란 어떤 사람인지에 대한 고찰이 부족하다. 흔히 말하는 융합적 인재란 복수의 전공을 공부한 사람이나 여러 상이한 학제에서 석·박사 학위를 취득한 사람, 혹은 자기 전공과 다른 분야에서 해당 분야 전공자 이상의 식견을 지닌 사람이다. 소위 개인의 학·경력상의 '스펙'으로 융합형 인재 여부를 구분하는 것이다. 그러나 어떤 사람이 융합형 인재인지를 판별하는 기준은 스펙이나 지식의 정도가 아니라, 그가 사고하는 방식과 문제를 해결하는 능력이 융합적인지, 여러 학제로부터 취득한 능력을 실제로 복합적으로 활용하는지, 그리고 융합의 산물로서의 창의성을 발휘하는지에 두어야 한다. 여러 학제에 걸쳐 인적 네트워크를 형성하고 있는지, 각각의 학제

커뮤니티에서 소통이 가능하고 구성원으로 인정받을 수 있는지도 기준이 될 수 있다. 마찬가지로, 융합을 간판에 내건 학과의 졸업장을 받았다고 융합형 인재라고 할 수 있을까?

4. 융합 실천상의 장벽들

앞의 절들에서 알아보았듯이, 현재 우리 사회의 융합에 대한 기대는 과장된 측면이 있으며, 부풀린 기대에 기반해 인위적이고 표면적인 융합 노력이 경주되고 있다. 융합의 사회적 비용과 비효율성의 문제는 공론화되지 않았으나 현장 연구자들에게는 공공연한 비밀이다. 그럼에도 불구하고 지향점으로서의 융합의 위치가 여전히 공고한 까닭은, 그만큼 새로운 것의 가능성에 대한 열망이 절박하다는 뜻일 것이다. 그러나 비판의 여지가 있을 만큼 성급하고 저돌적인 인위적 융합 노력들조차 가로막고 있는 장벽들이 여전히 공고하다. 그만큼 융합은 어렵다는 것이고, 융합을 이왕 추구하려면 제거하거나 완화해야 하는 장해물들을 파악할 필요가 있다는 것이다. 융합의 지향에 대한 깊은 성찰을 거쳐 바람직한 목적을 갖고 적절한 방식으로 이루어지는 미래 융합 활동들을 위해서라도 그렇다.

1) 조직과 제도의 문제

소위 '융합의 시대'에도 전통적인 학제 체계는 여전히 공고하다. 교육과 연구를 지배하는 지식 기반에 있어서, 학문 커뮤니티에 있어서, 대학의 편제에서 모두 그렇다. 시대의 조류에 맞게, 융합을 지향하는 명칭 변화는 눈에 띄지만 — 물리학과가 나노 과학과로, 지질학과가 환경 시스템학과로, 화학과가 화학 생명 과학과로 등등 — 학제의 성격이 근본적으로 변한 것으로 여겨지지 않는다. 공과 대학 쪽에서는 몇몇 학과들의 이합집산으로 융합적인 이름을 갖게 된 경우들이 보인다. 그러나 한 꺼풀 안을 들여다보면 참여 학과들의 소위 '지분'에 따라 나뉘어 있다는 것을 쉽게 알 수 있다. 전혀 새로운 융합 학과의 경우 교원 임용, 교과목 개설, 교내 인프라 확보 등에서 각종 현실적 어려움이 존재하는 것이 현실이다. 대학의 행정은 기존 학제들에 근거해 돌아가기 때문이다.

여기에 덧붙여 동아시아권 국가들의 경우 지나치게 세분화된 학술 학위(degree)의 종류가 문제를 일으킨다. 현재 우리나라에서 수여되는 박사 학위의 종류에는 문학, 철학, 이학, 공학, 교육학, 법학, 정치학, 경제학, 의학, 약학, 농학이 있다. 융합 분야 전공자는 이 박사 학위들 중 학교가 허용하거나 개인이 선택한 학위를 골라서 받아야 한다. 혹자는 연구 내용이 중요하지 박사 학위의 종류가 무슨 상관이 있느냐고 물을지 모르겠다. 하지만 취득한 박사 학위의 종류는 현실적으로 중요한 문제가 된다. 박사 학위 소지자가 주로 지망하는 연구직으로 취업하는 경우 지원 자격에 학위 종류가 명시되는 경우가 많기 때문이다. 융합 분야 전공자는 향후 자신이 희망하는 직장들이 어떤 학위를 선호하는지까지 염두에 두고 눈치를 보아야 한다. 예를 들어 기술 경영학 전공은 대학에 따라 공과 대학 또는 경영 대학에 설치되어 있는데, 경영학 박사 학위는 민간 경영 연구소 취업에 유리하고, 공학 박사 학위는 병역 특례 전문 연구 요원으로 병역을 해결하기 위해서는 필수적이기에 선택에 고민이 따를 수밖에 없다. 학위 종류 구분의 기준은 몇 십 년 전의 대표적 학제들의 지형도가 반영된 것으로 현재에 와서는 불필요한 규제나 마찬가지이다. 그렇다고 융합 전공을 위한 학위 종별을 신설하는 것도 학술적 권위를 손상시키는 등 혼란만 가중시킬 것이다. 특정한 전문 학위(의학, 법학 등)를 제외한 학술 학위는 철학 박사(Ph. D.)로 일원화하는 영미식 체계가 융합을 위해서는 나을지 모른다. 불필요한 구분과 구획은 학위 종류뿐만 아니라 이것과 상황이 비슷한 다른 예들에서도 발견된다. 학문 분류에 따른 연구비 신청, 소관 부처, 적용되는 법과 규칙, 관련 자격증 등등 수많은 제도들이 전통적 학제 구분에 기반하여 불필요한 구분을 강요하고 있다.

2) 융합에 대한 개인 차원의 인센티브 부재

융합 학문의 길은 어렵고 힘들다. 첫째, 융합 분야의 지식을 제대로 습득하기 위해서는 융합의 원재료에 해당하는 여러 학제들의 지식 체계와 내용, 학문적 동향 등을 두루 알아야 한다. 모든 학문 분야를 깊이 안다는 것은 사실상 불가능하므로 깊이보다는 넓이에 중점을 두게 되지만 그 또한 방대한 학습량과 긴 수학 기간을 강요하는 것이다. 그리고 그중 적어도 한 학제에는 전공자 수준의 깊은 이해와 연구 능력 — 학자들은 '내공'이라고 부른다. — 을 갖출 필요가 있다. 예를 들어 과학 기술 정책학은 과학 기술에 대한 기본적인 이해와 지식이 필요하며, 경제학, 경영학, 행정학, 정책학, 과학 기술학, 사회학 등이 융합되어 있다.* 길고 어려운 수학 기간을 지내고 나면, 앞 절에서 설명한 대로 기존 학제 위주로 구분된 대학 편제와 취업 관문 탓에, 유사한 융합 분야 외에는 진로 개척이 쉽지 않다. 그런 이유인지 융합 학문 학생의 경우 취업 등을 고려한 전략적 진학보다는 지적 호기심과 학문적 포만감에 이끌려 힘든 공부를 선택하는 것으로 보인다. 융합 분야 전공자는 전통 학제 전공자의 시각에서 보면 마치 박쥐와 같아서, 이 분야 저 분야에서 서로 "우리 분야가 아닌데."라고 배척당하기 쉽다. 물론 대단한 수월성을 성취한 사람의 경우에는 여러 분야에서 서로 자기네 사람이라고 주장하고 나설지도 모른다. 하지만 학문적 동질감에는 지식뿐만 아니라 사회적 측면, 즉 인적 네트워크의 측면이 크게 작용한다는 것을 감안하면 선택받기 위한 경쟁의 장에서 항상 불리한 쪽에 서게 된다는 것을 쉽게 예측할 수 있다.

---

* 과학 기술 정책학은 40년 이상의 역사를 가진 유럽에서는 독립된 융합 학제로 자리 잡고 있다.

둘째, 융합 학문 연구자는 학술적 업적의 평가 측면에서 불리하다. (Rafols et al., 2011) 융합 학문 분야의 학술 커뮤니티는 작기 때문에 게재 가능한 전문 학술지의 종류와 개수가 제한적이다. 전통 학제에 기반한 학술지 중에서도 융합 분야 논문에 투고의 문호를 개방한 경우가 꽤 있지만, 심사 과정에서 '홈그라운드' 논문들과 경쟁해야 하며, 특히 융합 분야에 우호적이지 않은 심사자에게 배정될 경우 심사 통과가 난망이다. 융합 학문 연구자들 스스로 조직한 학회에서 학술지를 발간하기도 하나, 짧은 역사와 작은 커뮤니티 탓에 소위 '등재지'니 SCI니 하는 '기준'에 들지 못하는 경우가 다반사로서 투고자에게 유용하고 정당하게 인정받는 업적물로서 작동하지 못하고 있다. 더욱이 연구자 집단의 규모가 작기에 논문 피인용 지수(impact factor) 측면에서도 불리하여 논문의 질과 수준에 무관하게 저평가되는 경향이 있다. 노력에 비해 연구 업적 평가 면에서의 불리함은 억울하거나 아쉬운 심정에서 그치는 것이 아니다. 취업, 승진, 성과급 등에서의 현실적인 불리함으로 이어지기 때문이다.

융합 학문 연구의 불리함을 부분적으로나마 상쇄하고 있는 것이 바로 전술한 인위적 노력이다. 융합 전용 연구비, 각종 대형 사업, 새로 설립되는 융합 특화 연구 기관의 일자리 등이 그것으로, 일종의 대증적 유인책이라고도 볼 수 있다. 융합을 가로막는 장벽들은 뿌리가 깊고, 사회 시스템화되어 있다는 점을 고려하면, 그러한 근시안적 대증 요법들의 효과는 제한적일 수밖에 없다는 것이 드러난다.

5. 융합은 얼마나

냉정하게 거품을 걷어내고 보더라도 융합이 제공하는 이점들은 분명히 존재한다. 무엇보다도 가장 큰 가치는 바로 새로운 생각의 창발점이라는 데서 찾을 수 있다. 새로운 아이디어는 경계(boundary, interface)에서 생성된다. (Simonton, 2004) 한 학제 내에서 해결되지 않았던 문제의 실마리가 여러 학제들과의 충돌점에서 발견되기도 한다. 100퍼센트 완전히 무(無)에서부터 창조된 새로운 생각이란 것은 존재하지 않고, 새로운 생각은 기존 지식들의 조합으로부터 창발된다. 지식의 결합으로부터, 또는 지식들을 조합하는 새로운 방법으로부터 생겨나는 것이다. 이 글에서는 새로운 생각의 가능성과 성과에 대한 기대가 부풀려져 있음을 지적했다. 하지만 부풀려져 있다는 것이 문제라고 말한 것이지 기대할 가치가 없다고 내친 것은 결코 아니다.

융합은 사회적 문제를 다루는 데에 유용하다. 왜냐면 현대 사회의 제문제는 복합적이고 다면적이기 때문이다. 예를 들어 원자력 발전의 미래가 이슈화된다면 전기 공학자, 화학 공학자, 물리학자, 화학자, 생물학자, 지구 환경학자, 경제학자, 사회학자, 정책학자, 행정학자, 심리학자, 의사 등이 머리를 맞대야 할 것이다. 융합은 **문제 지향적(problem-oriented)**으로 조직될 수 있으며 다양한 관점을 수용하고 다양한 사회적 수요에 대응할 수 있는 길이다.

융합이 강조되는 시대에 살면서도 정작 융합 자체에 대한 고찰, 말하자면 메타 융합 연구는 빈약하다. 융합에 대한 논의가 빈약한 만큼 융합의 현재 모습은 공허하다. '융합에 관한 논의'는 이제 겨우 시작 단계이다. 결론을 말할 수 있는 단계가 아니라 질문을 던져야 하는 단계인 것이다. 융합은 얼마나 가능한가? 인위적 융합은 항상 성공할까? 융합은 얼마나 바람직한가? 융합의 비용과 편익은 얼마인가? 융합은 연구자들을 얼마나 힘들게 하는가? 융합은 얼마나 어려운가? 융합의 불리함을 어떻게 극복할 수 있는가?

학문의 역사로부터 최근의 뇌과학 등까지의 사례들을 보면 융합의 가능성은 부정할 수 없다. 융합이 가져오는 성과들 — 인류의 지식을 더욱 풍성하게 하며, 진보를 견인하고, 경제 사회 발전에 기여하는 성과들 — 의 가치 또한 무시할 수 없다. 우리에게 당면한 과제는 융합을 촉진하는 것인데, 현재 우리 사회에서 시도되고 있는 방식이 유일하고 바람직한 방향인지는 생각해 볼 여지가 있다. 융합은 '촉진'한다기보다 '허락'한다는 말이 더 잘 어울린다. 융합이 일어날 수 있는 학제간 틈새 공간을 허락하고, 학문적 실험과, 실수와, 실패를 허락하고, 개별 연구자가 불이익 없이 지적 탐험에 나서는 것을 허락하며, 학문이 정해지지 않은 방향으로 자유롭게 진화해 나가도록 허락하는 것이다. 우리 사회에서 형성되고 부여된 '융합의 정치 권력' 탓에 학문 사회에서 융합이 강자와 기득권자의 것이라는 착시 현상이 존재하지만, 사실 전통 학제들의 철옹성 앞에서 융합은 불리한 편에 놓여 있다. 말로는 허락하고 행동으로는 훼방하는 상황이나 마찬가지이다. 융합의 레토릭으로부터, 융합의 이미지로부터 거창한 거품을 걷어내고 앙상한 속살과 허기진 속내를 드러내는 것이 필요하다. 융합에 대한 부푼 기대가 실망으로 변하기 전에 융합의 참모습과 건강한 지원 방법을 찾아내야 한다. 융합에 관한 논의의 빈약함에서 비롯된 여러 문제와 실천상의 어려움에도 불구하고, 융합은 우리 사회가 채용해야 하는 중요한 전략이자 지식의 진보를 위해 학문 커뮤니티가 지향해야 하는 주요한 덕목이기 때문이다.

박상욱(숭실 대학교 행정학부 교수)

2장 창의적 융합의 '벡터 모형'

I. 서론

융합을 논하는 과정에서 융합에 어떤 정도(degree)가 있다는 이야기가 종종 등장한다. 두 가지 요소를 단순히 더하는 융합, 물리적 혼합으로서의 융합, 화학적 화합 혹은 핵융합처럼 완전히 새로운 것이 창조되는 융합 등의 표현이 융합의 정도를 나타내는 표현이다. 통합, 퓨전(fusion), 통섭 같은 표현도 서로 다른 융합의 정도를 나타내기 위해 쓰인다. 융합 논의의 출발점이었던 다학제(多學制, multidisciplinary) 연구, 학제간(學制間, interdisciplinary) 연구, 초학제(超學制, transdisciplinary) 연구의 구분도 각각 학문 분야 사이의 융합의 정도가 단순한 합인가, 학제적 경계를 무너뜨리는 진정한 퓨전이 일어났는가, 퓨전이 일어나면서 새로운 분야가 만들어졌는가를 기준으로 삼았다. (Klein, 1990; 2001; 2004)

이러한 논의에서 의심 없이 일반적으로 받아들여지는 가정은 융합의 정도가 더 강할수록, 즉 지식이 그 뿌리에서 더 근본적으로 섞일수록 바람직하다는 것이다. 비빔밥도 나쁘지 않지만, 화학적 퓨전이 일어나는 것이 바람직한 융합에 가까우며, 다학제 연구보다는 학제간 연구나 초학제 연구가 우리가 바라는 융합의 참모습이라는 이야기다. 그런데 이러한 논의에서는 어떤 융합이 퓨전에 해당하는지, 혹은 심지어 왜 퓨전이 좋은 융합인지에 대한 엄밀한 분석은 찾아볼 수 없다. 대신 사람들은 이러한 정도의 차이를 종종 특정 연구 프로그램을 정당화하는 데 사용한다. 자신들이 추구하는 융합은 진정한 퓨전이며, 다른 융합은 그저 단지 밥에 나물을 더해서 비비는 수준이라고 비판한다는 것이다. 예를 들어, 과학에 뿌리를 둔 융합은 진정한 통섭이며, 인문학에 기초한 융합은 얼치기 잡종이라는 식이다. 이러한 논의에서 정교한 근거를 찾기는 어렵다.

필자는 이전에 쓴 글에서 융합에 개인 차원의 지식 융합, 학문 분과들 사이의 잡종화, 학제간 협동 연구, NBIC(나노 기술(NT)-생명 공학 기술(BT)-정보 기술(IT)-인지 과학 기술(cognitive science)) 융합, 기술의 융합, 통섭 등 여러 가지 유형이 있음을 보이면서, 서로 조금씩 다른 의미를 갖는 이러한 융합'들'이 나름대로 의미를 지닐 수 있다고 주장한 바 있다. (홍성욱, 2011) 이러한 다양성들이 융합을 특성에 따라 분류하는 2차원 좌표의 x축을 형성한다면, 융합의 '정도'는 이 좌표의 y축을 이룬다. 이 글은 이러한 융합의 정도를 고찰하는 것을 목적으로 하고 있는데, 필자는 혼합, 화합, 퓨전, 핵융합처럼 명확하게 정의하기 어려운 기준을 사용하는 대신에 조금 다른 기준을 사용해 보려 한다. 그 기준은 어떤 문제를 해결하는 과정에서 이에 결정적으로 중요했던 요소(resource)가 그 문제가 정의된 영역(domain) 내부에서 찾아진 것인가, 혹은 외부에서 찾아진 것인가 하는 것이다.

간단한 예를 들자면, 전기 역학의 어떤 어려운 문제가 전기 역학 내부의 요소들만을 융합해서 해결되었는가, 혹은 전기 역학이라는 학문 분야 외부의 요소를 도입해서 융합함으로써 해결되었는가 하는 것이다. 결과적으로 보았을 때 전자에 해당하는 문제는 많은 사람들이 그 해답이 존재하는 지점을 어렵지 않게 가늠할 수 있고, 따라서 상대적으로 비교적 쉽게 해결이 되

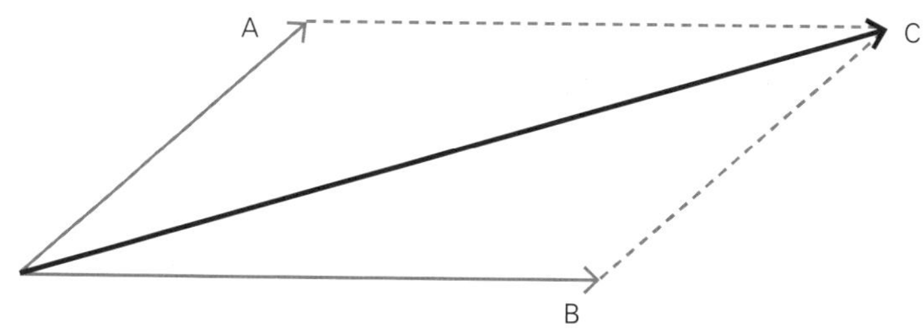

그림 1 벡터의 합. 벡터 A와 B를 더하면 C가 된다.

는 문제이다. 이런 문제는 대부분 융합의 사례로 간주되지 않는다. 반면에 후자의 문제는 상대적으로 어렵고 더 창의적인 노력을 필요로 하는 문제들이며, 대략적으로도 해답이 어디에 존재하는지 알기 힘든 문제이다. 이런 문제들은 창의성을 높게 평가받는 과학자들, 혹은 우리가 잘 알고 있는 위대한 과학자들이 해결한 문제들이다.

이 글은 이러한 창의적 융합을 수학에서의 벡터와 흡사한 모형을 사용해서 설명할 것이다. 2개 이상의 상이한 요소들이 결합해서 새로운 결과와 해법을 낳는다는 의미에서, 이러한 창의적인 융합은 **그림** 1처럼 두 벡터의 합이 새로운 벡터를 만드는 것과 흡사하기 때문이다. 이번 장에서는 다양한 사례를 통해 이 **벡터 모형**에 부합하는 융합의 여러 유형들을 구체적으로 살펴볼 것이다.

2. '벡터 모형'으로 발명 이해하기*

1) 플레밍과 2극 진공관

1904년, 영국 마르코니 사의 과학 자문으로 일하던 존 앰브로즈 플레밍(John Ambrose Fleming)은 2극 진공관(diode, 당시 용어로는 valve)을 발명했다. **(그림 2 참조)** 2극 진공관은 전압 차이가 나는 진공 속의 전극 사이에서 전자가 한쪽 방향으로만 흐른다는 성질을 이용한 기술로서, 마르코니의 무선 전신 시스템에서 수신 안테나에 유도되는 고주파 전류를 한쪽 방향으로 정류해서 신호로 바꿔 주는 수신기로 사용되었다. 2극 진공관은 이것이 곧 3극 진공관으로 이어졌다는 데에서 더 큰 역사적 의의가 있었다. 이 3극 진공관은 20세기 중엽에 트랜지스터로 대체되었고, 여러 개의 트랜지스터가 하나의 회로에 집적되어 IC(integrated circuit) 회로를 낳음으로써 20세기 후반기의 정보 혁명을 탄생시켰기 때문이다.

플레밍의 2극 진공관은 백열 전구에서 나타나는 에디슨 효과(Edison effect)에서 비롯된 것이다. 에디슨 효과는 전구의 탄소 필라멘트에서 방출된 탄소 때문에 전구의 내부가 검게 변하는 것으로, 이러한 현상이 전구의 효율에 큰 영향을 주었기 때문에 일찍부터 에디슨을 비롯한 전기 엔지니어들이 관심을 기울였던 문제였다. 플레밍은 1883~1884년에 에디슨 사의 고문으로 일하던 시절에 에디슨 효과를 연구해 논문을 발표했고, 1889~1890년에 다시 일련의 실험들을 수행해서 영국의 왕립 협회에서 이 문제에 대한 논문을 발표했다. 2극 진공관 발명에 대한 표준적인 해석에 따르면, 플레밍은 이렇게 에디슨 효과에 대한 과학적인 연구를 수행해서 그 원리를 규명한 상태

---

* 이 절에서 나오는 2극 진공관과 마르코니의 발명에 대한 설명은 필자의 연구(Hong, 2001)에 근거하고 있으며, 따라서 따로 상세한 주를 달지 않았다.

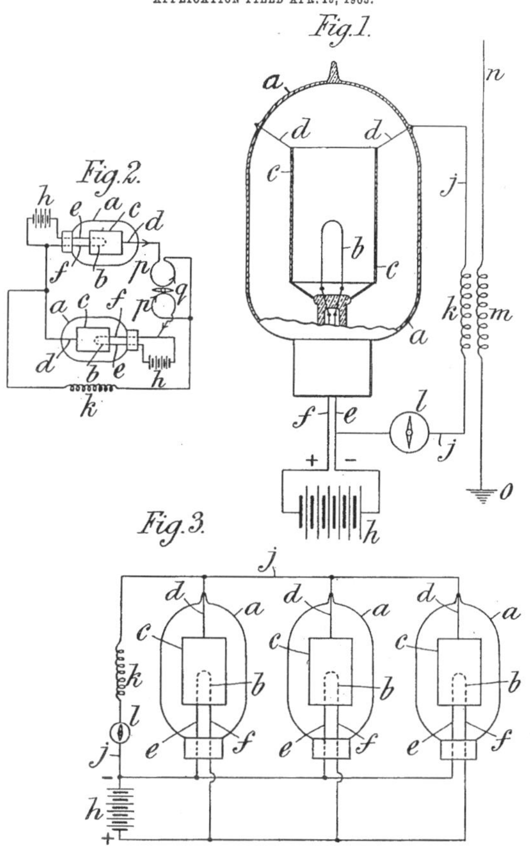

그림 2 플레밍의 2극 진공관 특허(1904년).

에서, 마르코니 사의 고문을 하던 1904년에 민감한 수신기를 만들려는 노력을 하다가 오래전에 자신이 실험했던 에디슨 효과를 떠올리고 이것을 바로 무선 전신에 응용을 했다고 알려져 있다. 이러한 해석은 과학 연구가 유용한 기술로 이어졌다는 사례로도 자주 원용되는데, **그림 3**에서 보듯이 이런 설명에 따르면 2극 진공관은 에디슨 효과의 '직선적 연장(linear extension)'에 다름 아니다. (**그림 3** 참조)

그런데 이러한 설명은 에디슨 효과를 연구했던 사람이 플레밍 한 사람이 아니었다는 사실을 생각해 볼 때 납득하기 힘든 부분이 있다. 2극 진공관이 에디슨 효과를 그대로 무선 전신에 이용한 것에 불과하다면, 왜 많은 연구자들 중에 오직 플레밍만이 2극 진공관을 발명할 수 있었던 것일까? 2극 진공관이 에디슨 효과의 직선적 연장이 아닐 수 있다고 생각하면 이 문제에 대해 실마리를 잡을 수 있다. 2극 진공관은 전구에 삽입한 플레이트에 전압을 걸어 주고 이 전압의 극을 바꿔 주면서 전류를 측정하는 플레밍의 특정한 실

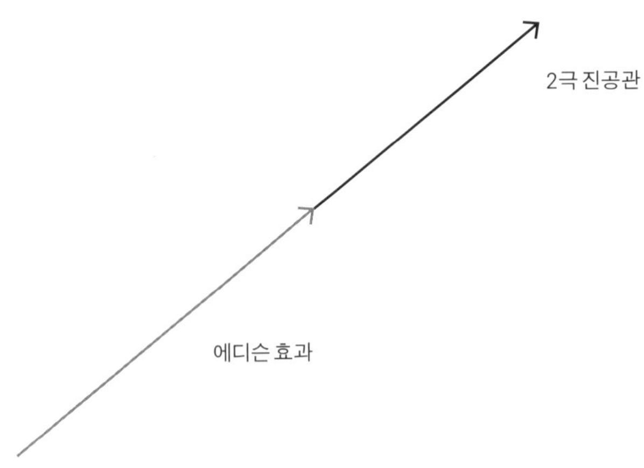

그림 3 2극 진공관을 에디슨 효과에 대한 연구의 직선적 연장으로 보는 관점.

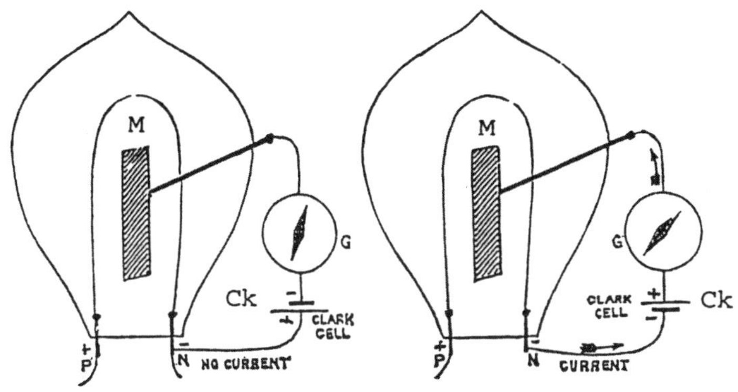

그림 4 에디슨 효과에 대한 플레밍의 실험 중 하나. M과 전구의 필라멘트 사이 공간의 일방향 전도성을, 클라크 전지를 사용해서 (그 극을 바꿈으로써) 규명해 보는 실험이다. 나중에 그의 2극 진공관에서는 이 클라크 전지가 고주파 교류 진동으로 대체되었다. 이 실험은 맥스웰주의자들에게 관심의 대상이었던 일방향 전도성의 본성을 규명하려던 시도로서, 에디슨 효과에 대해 실험을 했던 다른 연구자들은 이러한 실험을 수행하지 않았다.

험에서 유래한 것인데(**그림 4** 참조. 이것을 **그림 2**와 비교해 보라.), 에디슨 효과를 연구했던 다른 연구자들은 이 특정한 실험을 하지는 않았었다. 플레이트에 전압을 걸어 주고 이것을 바꿔 가면서 전류를 측정하는 플레밍의 이 실험은 당시 맥스웰주의 물리학자들 사이에서 관심의 대상이었던 '일방향 전도성(unilateral conductivity)' 현상의 본질을 규명하기 위한 것이었다.* 특히 그가 이 실험을 하기 직전에 일방향 전도성이 맥스웰주의 전자기학의 원리를 위협하는

* 일방향 전도성은 특정 회로에서 전류가 한쪽 방향으로만 흐르는 현상을 의미한다. 맥스웰의 전자기학 체계는 전류를 도선 속을 흐르는 실재로 간주하지 않았기 때문에, 이러한 현상은 그 체계 속에서는 개념적으로 설명하기 어려운 난제였다. 플레밍은 맥스웰이 케임브리지 대학교에서 직접 가르친 몇 안 되는 제자 중 한 명이었으며, 맥스웰의 전자기학 체계를 받아들인 당시 맥스웰주의자 중 한 사람이었다.

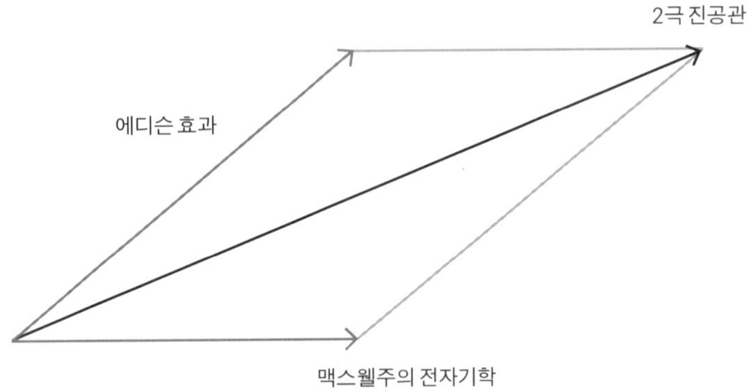

그림 5 플레밍의 2극 진공관의 발명을 설명하는 벡터 모형. 그가 에디슨 사에 고용된 전기 공학자로 관심을 가졌던 에디슨 효과에 맥스웰주의 전자기학의 문제가 결합해서 2극 진공관의 원형을 낳았다고 볼 수 있다.

현상일 수 있다는 주장이 대두되었으며, 따라서 플레밍이 1880~1890년대에 실시했던 에디슨 효과에 대한 실험들은 맥스웰주의 전자기학을 '구하려는' 것이었다.

플레밍이 2극 진공관을 발명하게 된 데에는 그가 연구하던 에디슨 효과에 맥스웰주의 전자기학에서의 관심이 결합했던 것이 결정적이었다. 에디슨 효과를 연구했던 사람들 중에 맥스웰주의의 일방향 전도성에 관심을 가진 사람을 플레밍을 제외하고는 거의 없었고, 일방향 전도성에 관심이 있던 물리학자 중에 전구를 사용해서 가지고 이것을 탐구했던 사람 역시 플레밍이 유일했다. 2극 진공관은 맥스웰의 전자기 이론과 램프 기술이라는 상이한 요소가 만남으로써 이뤄진 성과였다. 이런 점을 고려해서 플레밍의 2극 진공관의 발명을 '벡터 모형'을 사용해서 나타낸다면 **그림 5**와 같다.

2) 마르코니와 무선 전신

　　이탈리아의 젊은 발명가 굴리엘모 마르코니(Guglielmo Marconi)는 1894년에 사망한 독일 물리학자 하인리히 헤르츠(Heinrich Hertz)의 부고에서 전자기파의 생성과 전파에 대한 묘사를 접하고(**그림 6** 참조), 이것을 메시지 송수신에 응용할 수 있겠다는 생각을 가지고 연구를 시작했다. 당시 유럽에서 헤르츠가 발견한 전자기파를 실용적인 목적에 사용하기 위해 실험을 하던 과학자와 엔지니어는 10여 명에 이르렀으며, 이중에는 매우 뛰어나고 오랜 연구 경력을 가진 사람들도 있었다. 무엇보다 헤르츠 자신도 이러한 응용 가능성을 염두에 두었고, 각국의 육군과 해군은 나름대로의 필요에 따라 이러한 연구를 지원하고 있었다.

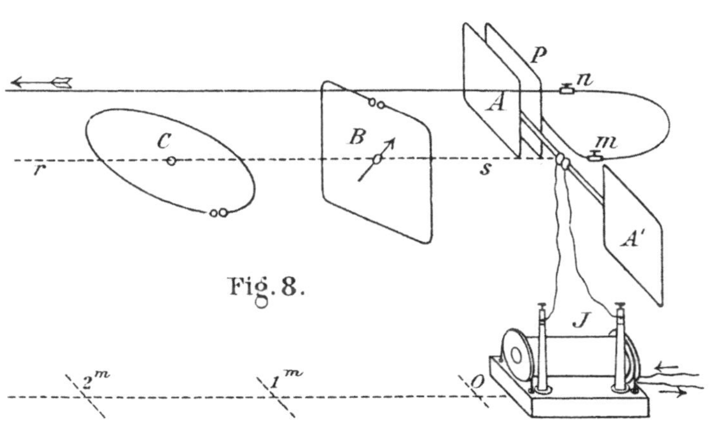

그림 6 헤르츠의 전자기파 송수신 장치. AA′이 콘덴서 플레이트이며, 유도 코일 J를 통해 여기에 저장된 에너지가 한계치를 넘으면 s의 오른쪽에 있는 스파크 갭(spark gap)에 스파크를 일으키면서 공기 중으로 방출된다. B와 C는 스파크 갭을 가진 닫힌 회로로서, 공기 중으로 방출된 전자기파를 검출하는 검출기이다.

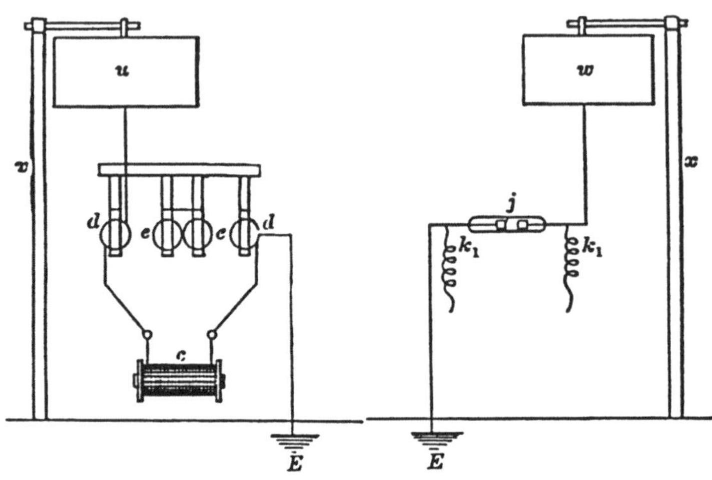

그림 7 안테나를 포함한 마르코니의 첫 무선 전신 시스템. 왼쪽이 스파크 송신기이고 오른쪽이 코히러(j)를 이용한 수신기이다. 송신기의 u와 수신기의 w가 콘덴서 플레이트이며, E는 접지를 나타낸다. 마르코니는 전신 기사들이 했던 대로 "훌륭한 접지(good earth)"가 무선 전신의 송수신에 필수적이라고 생각했다.

그런데 왜 이들 중에 이탈리아의 '아마추어' 마르코니가 실용적인 무선 전신을 처음으로 개발하는 데 성공했는가? 다른 모든 사람들이 실패했고 그만이 유일하게 성공한 부분이 장거리 송수신이었는데, 그는 1896년 영국에서 이루어진 시연에서 무선 메시지를 2마일 이상 송신하는 데 성공했다. 그런데 이런 장거리 송신이 처음부터 가능했던 것은 아니었다. 1894년, 자신의 다락방을 실험실로 개조해서 시작한 실험에서 그는 송신기를 개량해서 그 출력을 최대로 했으며, 수신기의 핵심 장치인 코히러(coherer, 검파기의 일종)를 가장 민감한 형태로 만들고, 그 주변에 여러 가지 회로를 더해서 수신기가 전자기파에 더 예민하게 반응하도록 했다. 이 모든 개량과 혁신을 했어도 그가 전자기파를 이용해서 메시지를 주고받은 최대 거리는 0.5마일 정도에 불과했다. 당시 전자기파를 실용화시킬 생각을 했던 과학자와 엔지니어에게 0.5마일이 일종의 '장벽'이었고, 마르코니도 여기에서 막혀서 더 나아가지 못했던 것이다.

마르코니가 여러 시도 끝에 0.5마일의 벽을 넘어 2마일 송수신에 성공한 데에는 안테나의 발명이 결정적인 역할을 했다. 그는 수신기와 송신기에 달려 있는 콘덴서 플레이트(condenser plate) 막대기의 한쪽을 위로 치켜세우고 다른 한쪽을 땅에 묻음으로써 우리가 안테나라고 부르는 것을 최초로 발명했다. (**그림 7** 참조. **그림 6**과 비교해 보라.) 지금 우리는 안테나의 한쪽 끝을 접지함으로써 안테나의 콘덴서 용량이 2배가 되었고, 따라서 장파(long-wave)를 이용할 수 있게 되었으며, 이렇게 됨에 따라 장파 중 일부가 지표면을 따라서 이동하는 표면파(surface-wave)로 전달되었다는 사실에 마르코니의 성공의 비결이 있다는 것을 알고 있다. 그렇지만 당시 마르코니는 안테나의 한쪽을 땅에 묻으면서 마치 전신에서 접지가 하는 효과를 얻어낼 수 있다고 생각했다. 즉 공중에서 전달되는 전파와 땅을 통해 전달되는 전파의 쌍이, 마치 전신에서 전선을 통해 전달되는 전류와 땅을 통해 전달되는 전류의 쌍과 비슷하게 작동할 것이라고 생각한 것이다.*

헤르츠의 기기를 가지고 같은 목적을 향해 연구를 하던 물리학자들은 전신에 관심이 없었고, 무선 통신에 관심이 있던 전신 기사들은 헤르츠의 물리학 실험 기기에 큰 관심이 없었다. 이것이 "왜 하필이면 마르코니였는가?"라는 질문에 대한 답을 제공한다. 마르코니의 무선 전신은 전신과의 철저한 유비에 기초해서 탄생했고, 또 발전했다. 그는 헤르츠가 사용했던 전자기파 발생 장치를 메시지를 주고받는 형태로 변형시키면서, 여기에 접지와 같은 전

---

* 흥미로운 사실은 마르코니가 이러한 이론에 입각해서 장거리 송수신이 가능하다고 생각했다는 것이다. 그는 송신 거리를 2마일에서 4마일, 8마일, 50마일, 100마일로 늘려도 신호가 잘 전달되는 것을 보고 자신의 이론에 확신을 얻었다. 1899년에 그는 대서양 송수신에 도전하리라고 결심했고, 1901년 12월에 2,000마일 대서양 통신에 성공했다.

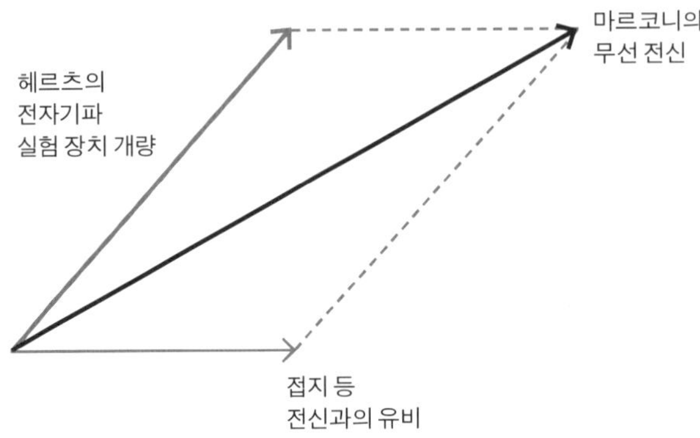

그림 8 마르코니의 성공을 설명하는 벡터 모형. 마르코니는 헤르츠가 수행한 전자기파에 대한 물리학 실험 장치에서 출발했지만, 전신의 여러 요소를 이 실험 장치에 접목시킴으로써 장거리 송수신에 성공했고, 실용적인 무선 전신을 처음으로 개발할 수 있었다.

신의 핵심 요소를 가미했다. 이것을 벡터 모형을 사용해서 표현하면 **그림 8**과 같다.

3) 존 스미턴과 제임스 와트

19세기 이전의 엔지니어 중에 고등 교육을 받고 과학자들로부터도 존경을 받았던 사람을 꼽으라면 '과학적 엔지니어링'의 시조라고 평가받는 존 스미턴(John Smeaton)을 꼽을 수 있다. 그는 바다 한가운데에 있는 작은 돌 위에 에디스턴(Eddystone) 등대를 지었으며, 엔지니어링의 핵심적인 개념으로 효율(efficiency)을 정의했고, 이것을 이용해서 수차와 풍차 같은 기관을 개량하는 방법을 제시했으며, 실제로 자신이 수십 개의 수차와 풍차를 제작했다. 그는 실제 기관의 스케일을 줄여서 만든 모형을 가지고 실험을 했는데, 예를 들어 수차의 모형을 통한 실험은 물이 수차 위로 떨어지는 상사식(上射式) 수

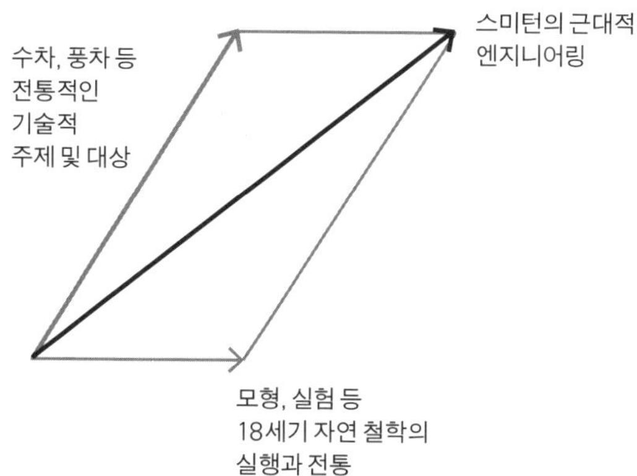

그림 9 스미턴의 근대적이고 과학적인 엔지니어링 연구를 설명하는 벡터 모형.

차와 밑으로 떨어지는 하사식(下射式) 수차가 서로 다른 조건에서 최대 효율을 낸다는 사실을 증명했으며,* 이 과정에서 동력(power)이라는 공학적 개념을 새롭게 정의하고 사용했다. 모형을 이용한 실험은 당시 뉴턴주의 물리학 같은 자연 철학의 영역에서 수행되던 실험이었지, 엔지니어링 영역에서는 낯선 것이었다. (서민우, 2008) 그가 과학적 공학이라는 혁신을 이룰 수 있었던 데에는 전통적인 기술적 주제와 방법에 모형과 실험이라는 17~18세기 자연 철학의 전통을 접목했던 것이 유효했다. (**그림 9** 참조)

영국 최고의 엔지니어의 명예를 얻은 스미턴이 말년에 해결하려고 시도했던 문제가 뉴커먼(Newcomen) 증기 기관의 효율을 높이는 것이었다. 뉴커먼 기관은 증기를 사용해서 동력을 얻었던 초보적인 장치였는데, 증기로 실린더 속의 피스톤을 밀어 올리고 피스톤이 끝까지 올라갔을 때 실린더와 피스

---

* 그의 실험 방법론은 지금 공학에서 대조 실험(controlled experiment)이라고 부르는 것이다. 이 실험은 모형의 작동에 필요한 여러 개의 변수들 중에 다른 모든 것들을 고정시키고 하나만을 바꾸어 가면서 출력을 측정하는 실험을 의미한다.

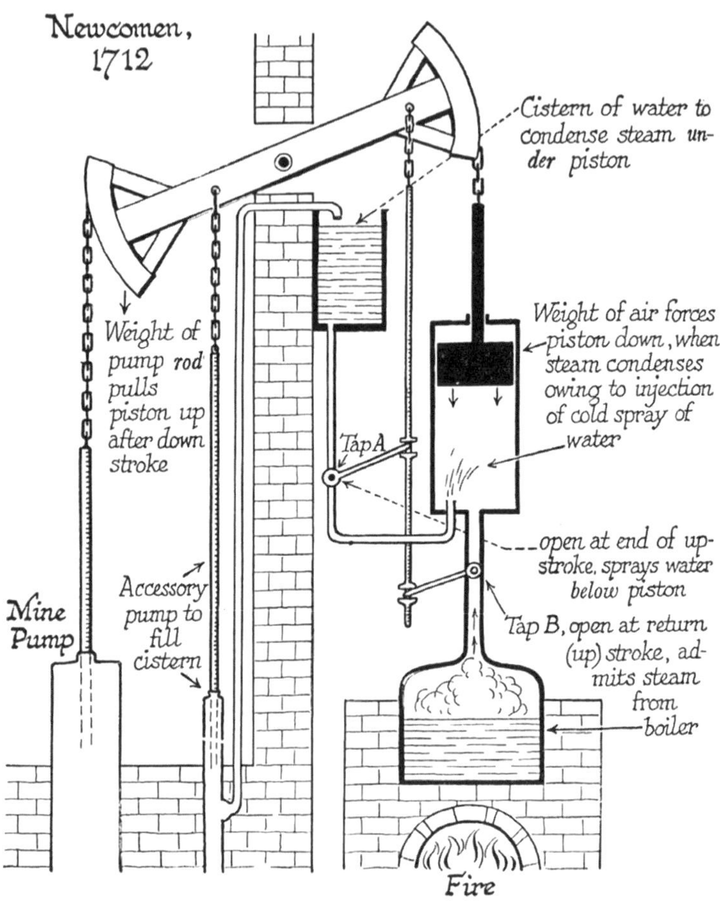

그림 10 뉴커먼 기관. 오른쪽 아래편의 보일러에서 증기를 발생시키면 탭 B가 열리면서 증기를 실린더로 올려 보내고 이것이 피스톤(검은색)을 밀어 올린다. 피스톤이 맨 위로 올라가면 탭 A 가 열리고 중앙 위에 설치되어 있는 수조에서 찬 물이 실린더 내부로 분출된다. 이것이 실린더와 피스톤을 식히면서 피스톤을 아래로 떨어뜨린다. 이 운동을 반복하는 것이 뉴커먼 기관이다.

톤에 찬 물을 끼얹음으로써 피스톤을 떨어뜨리는 간단한 원리를 이용했다. 이 기관은 여러 가지 이유로 인해 효율이 매우 낮았는데, 가장 결정적인 단점은 차갑게 식은 피스톤과 실린더를 (아무 일도 하지 않는 상태로 그냥) 데우는 데 상당한 열이 소모되었다는 것이다. (**그림 10** 참조) 그런데 이 문제는 해결이 불가능한 '모순' 같은 문제였다. 피스톤을 운동시키기 위해서는 그것을 데워서 밀어 올리는 것도, 그리고 그것을 식혀서 떨어뜨리는 것 모두가 필요했기 때문이다.

실린더를 덥히고 식히는 것은 기관의 운동을 위해서 필수불가결한 과정이었기 때문에 바꿀 수 없었고, 따라서 기관의 효율은 다른 방식으로 개선되어야 했다. 스미턴은 이전에 했던 식으로 뉴커먼 기관의 작은 모형을 만들었다. 기관의 모형을 가지고 연구를 하면서, 스미턴은 실린더의 모양을 개량해서 그 하단 부분을 반구형으로 하고, 피스톤 하단에 나무를 깎아서 붙이고, 물을 방출하는 파이프를 가늘게 하는 등, 뉴커먼 기관의 엔진을 구성하는 여러 부품들을 하나씩 개량해 나갔다. (Law, 1969, 4쪽) 이러한 방법은 그가 풍차와 수차를 개량할 때에 사용했던 실험적 방법과 동일했다. 자신의 '과학적' 방법을 사용한 결과 그는 뉴커먼 기관의 효율을 2배 높일 수 있었는데, 이것은 놀라운 성과였다. (McClellan III and Dorn, 1999, 281~282쪽) 그는 1772년에 실린더의 지름이 1미터가 넘는 실물 크기의 엔진을 제작했다. 그러나 이 시기는 이미 와트가 혁명적인 방식으로 뉴커먼 기관을 개량한 뒤였다. 스미턴의 개량은 놀랄 만한 것이었지만, 이 과정을 살펴보면 이것은 그가 이전에 했던 연구의 과학적 엔지니어링의 연장이었다고 볼 수 있다. (**그림 11** 참조)

제임스 와트(James Watt)는 엔지니어링 도제 교육을 받은 뒤에 글래스고 대학교에서 기능공으로 일하던 젊은 엔지니어였다. 그는 1763~1764년 겨울에 학교에서 사용하던 교육용 뉴커먼 기관을 수리하면서 뉴커먼 기관의 문제를 하나씩 파악했고, 결국 열의 많은 부분이 식힌 엔진을 다시 데우는 데에 낭비되는 것과 피스톤이 떨어지면서 생긴 진공 상태에서 물이 섭씨 100도

이하에서도 끓어서 다시 증기를 배출한다는 점이 가장 큰 문제임을 인식할 수 있었다. 그는 여러 가지 실험적 연구를 진행하는 동안에 실린더를 항상 뜨겁게 유지하는 것이 중요하며, 배출된 증기를 응축할 때에는 이것을 섭씨 100도 이하의 물로 식혀 버리는 것이 중요하다는 것을 알게 되었다. 그는 기관의 사소한 부품들을 개량해서가 아니라 이 핵심 문제를 해결함으로써 기관의 효율을 획기적으로 높이려고 했다.

그렇지만 앞에서 언급했듯이 이 문제는 일종의 '모순'을 내포한 문제였고, 따라서 쉽게 해결될 수 없었다. 와트는 피스톤과 실린더를 나무로 제작하는 방식을 포함해서 이 문제를 해결하기 위해서 여러 가지 시도를 해 보았다. 그의 회고에 따르면 이런 노력을 계속하던 중인 1765년 초엽에 "증기를 담은 실린더와 공기나 탄성 유체가 없는 빈 통 사이에 연결을 만들어 준다면, 증기

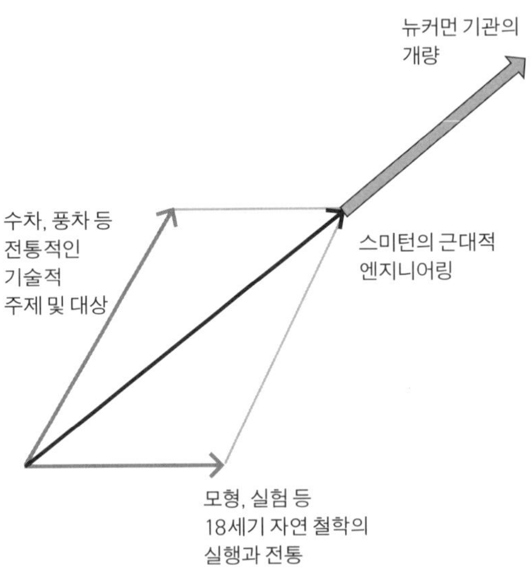

그림 11 스미턴이 그린 뉴커먼 기관의 개량. 이 개량은 거의 전적으로 자신의 이전의 (성공적인) 방법을 그대로 원용한 것이었다.

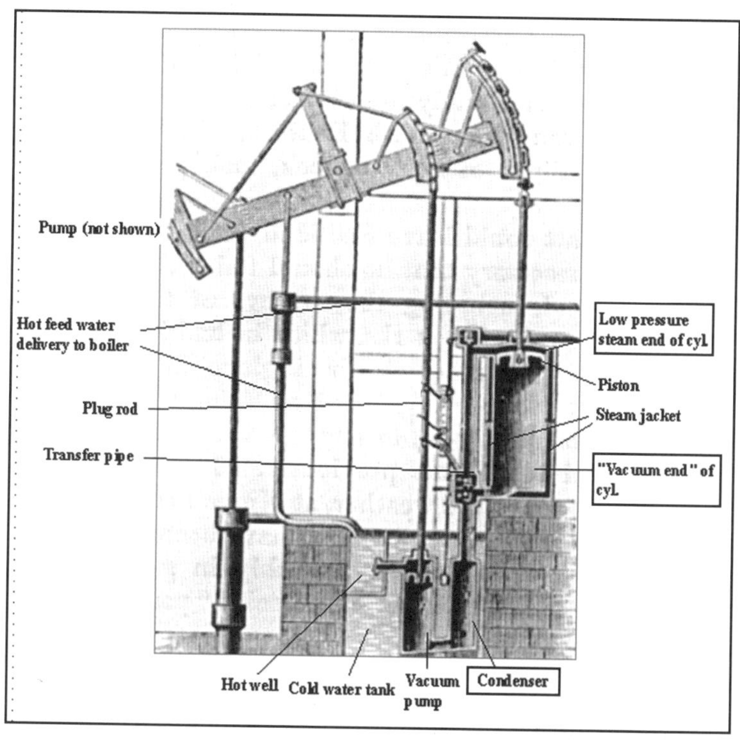

그림 12 와트의 분리형 콘덴서. 콘덴서(오른쪽 하단 상자)와 실린더(오른쪽 가운데 상자)가 분리되어, 전자는 항상 차고 후자는 항상 덥게 유지됨을 볼 수 있다.

가 균형을 이룰 때까지 바로 이 빈 통 속으로 빨려 들어갈 것이라는 생각"을 하게 되었다. (Law, 1969, 13쪽) 즉 증기를 차게 식혀 주는 역할을 따로 분리시켜서 '빈 통'에다가 할당한다는 것이었다. 이것이 바로 와트의 '분리형 콘덴서(separate condenser)'였다. 와트의 분리형 콘덴서는 피스톤이 움직이는 실린더를 항상 덥게 유지하고 이 더운 공기를 펌프로 빼서 식히는 역할을 하는 콘덴서를 물속에 넣는 등의 방법을 사용해서 항상 차게 유지하는 식으로 뉴커먼 기관의 '불가능한 모순'을 해결했던 것이다. (**그림 12** 참조) 와트의 디자인은

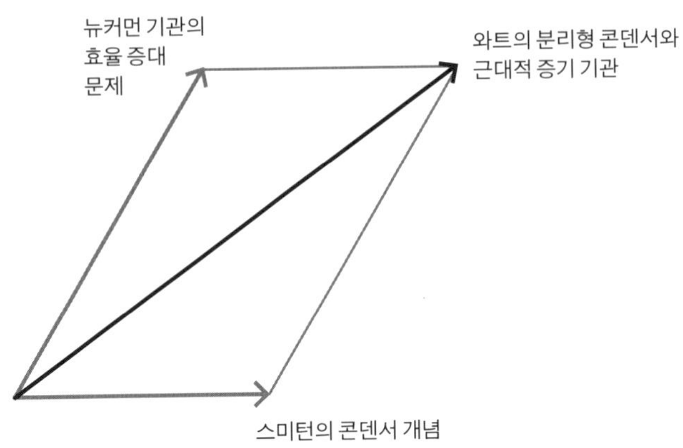

그림 13 제임스 와트의 분리형 콘덴서의 발명을 설명하는 벡터 모형.

바로 엔진의 효율을 3배로 증가시켰고, 스미턴의 개량에서는 불가능한 새로운 혁신 가능성을 낳았다.

　와트는 분리형 콘덴서에 대한 자신의 특허(1769년)에서 물속에 담근 "이 그릇을 콘덴서라고 부르겠다."라고 간단히 언급하고 있다.* 그는 엔진을 실린더와 콘덴서로 분리해야겠다는, 즉 콘덴서라는 아이디어를 어디서 얻은 것일까? 그는 자신이 1765년 봄의 어느 일요일에 글래스고의 공원을 산책하다가 이 아이디어가 번득 생각이 났다고 회고했는데, 그 영감의 근원이 무엇이었는지에 대해서는 언급하지 않았다. 한 가지 가능한 기원은 스미턴이 1752년에 쓴 진공 펌프에 대한 논문이다. 이 논문에서 스미턴은 진공 펌프를 개량해서 '만능 엔진(universal engine)'으로 변형시켜 다용도로 사용하는 방법을 기술하고 있는데, 여기에서 피스톤의 아래, 위 공기를 특정한 방식으로 수집기

---

* James Watt, "A method of lessening the consumption of steam in steam engines-the separate condenser" (Patent 913) The specification was accepted on 5 January 1769; enrolled on 29 April 1769, and extended to June 1800 by an act of Parliament in 1775.

(receiver)와 연결할 때 "이 펌프가 콘덴서로 작동할 것이다."라고 기술하고 있다. (Smeaton, 1752) 와트가 스미턴의 논문을 읽었는지는 분명치 않지만, 와트가 엔진과 결부시켜서 콘덴서라는 용어를 사용하고 피스톤의 위아래 증기를 다 사용하는 기관을 만든 것을 보면 그의 첫 증기 기관의 분리형 콘덴서와 스미턴이 진공 펌프로 만든 콘덴서와의 유사성은 무시하기 힘든 것으로 보인다.

자신의 콘덴서를 뉴커먼 기관과 접목시킬 생각을 하지 못했던 스미턴이 와트에게 영향을 주어 혁신을 낳았다면(**그림 13** 참조), 이것은 몹시 역설적이다. 그런데 이런 아이러니는 숱한 창의적 발견과 발명에서 볼 수 있는 공통적인 특성이 아닐까?

3. 과학사의 위대한 발견들과 벡터 모형

역사상 가장 위대한 과학자로 꼽히는 사람들은 누구일까? 꼽는 사람들에 따라 결과가 다르게 나오겠지만, 보통 사람들은 아마 아이작 뉴턴(Isaac Newton), 찰스 다윈(Charles R. Darwin), 알베르트 아인슈타인(Albert Einstein) 등을 가장 뛰어난 과학자로 꼽을 것이다. 이 세 사람의 업적은 이 글에서 필자가 주장하려고 하는 '벡터 모형'의 타당성을 잘 보여 준다.

뉴턴과 아인슈타인의 창의적 업적은 필자가 편집한 『뉴턴과 아인슈타인』(2004년)에 자세히 서술되어 있기 때문에, 여기에서는 상술하는 것을 피할 것이다. (홍성욱·이상욱, 2004) 뉴턴은 1687년에 출판된 『프린키피아』에서 17세기 초반에 천문학자 케플러가 경험적으로 발견했던 행성의 세 가지 법칙을 수학적으로 증명했다.* 뉴턴이 천체 역학에 관심을 가지기 시작한 것은

---

* 제1법칙은 행성이 태양을 한 초점으로 한 타원 궤도의 운동을 한다는 것이며, 제2법칙은 행성의

1660년대 중반이었는데, 책이 씌어질 때까지 약 20년간 뉴턴은 몇 번에 걸쳐서 자신의 생각을 발전시킬 계기를 얻었다. 그중 그의 창의성이 가장 두드러졌던 것은 공간을 가로질러 서로를 끌어당기는 원거리 작용(action-at-a-distance)인 보편 중력 개념을 도입한 것이었다. 특히 공간을 가로질러서 작용하는 보편 중력(혹은 만유인력) 개념은 당시 지배적이었던 '기계적 철학'에서는 절대로 인정하지 않았던 것으로, 뉴턴을 다른 과학자들과 차별화시켰던 핵심적인 요소였다. 그는 어떻게 이런 생각을 할 수 있었을까? 뉴턴 연구자들은 이 개념이 그가 1670년대에 접했던 연금술로부터 얻어낸 생각이었다는 데에 대개 동의한다. 이렇게 볼 때 뉴턴의 자연 철학의 요체는 수리 천문학에 연금술을 접붙인 것이라고 해도 과언이 아니다.

다윈의 업적은 진화론을 제창한 것이 아니라, 설득력 있는 진화의 메커니즘을 제시한 것이다. 비글호를 타고 남아메리카의 여러 지역을 여행하고 돌아온 다윈은 자신이 보았던 수많은 동식물 종들이 모두 각각 창조되었을 가능성은 매우 희박하기 때문에 이것들이 궁극적으로는 하나의 종에서 파생되어 진화했을 것이라고 생각했다. 그는 동물 사육사로부터 인위적인 선택을 통해서 인위적인 적응(adaptation)이 일어난다는 것을 알게 되고, 자연에서도 이것과 비슷한 '자연적인 선택'이 일어난다면 종의 적응이 일어날 것이라고 생각했다. 그렇지만 자연에는 선택을 수행하는 사육사가 없다는 문제가 오랫동안 해결되지 못했다. 그가 이 문제에 대한 해답을 얻었던 과정은 우연히 토머스 로버트 맬서스(Thomas Robert Malthus)의 『인구론』을 읽으면서 과포화 상태의 개체들 사이에서 먹이를 둘러싼 생존 경쟁이 발생한다는 설명에 주목하면서, 자연은 항상 살아남는 개체보다 훨씬 더 많은 개체를 만들

궤도가 같은 시간에 그린 부채꼴의 면적이 일정하다는 것이다. 이 두 법칙은 1609년에 발표되었다. 마지막 제3법칙은 행성의 공전 주기의 제곱이 긴반지름의 세제곱에 비례한다는 것으로 1618년에 발표되었다. 이 세 법칙은 관찰에 근거한 법칙이었지만, 왜 이런 수학적 관계가 성립하는지에 대해서는 뉴턴이 『프린키피아』를 출판할 때까지 알려지지 않은 채로 남아 있었다.

어 낸다는 점을 생각한 데에서 출발했다. (Gale, 1972; Colp Jr., 1986) 개체 사이의, 종과 종 사이의 생존 경쟁이 그가 찾던 자연 선택의 기제였다. 다윈은 이렇게 해서 생존 경쟁을 통한 자연 선택을 진화의 메커니즘으로 제시했지만, 다른 나라의 과학자들 중에는 이 '영국적인' 생존 경쟁 개념을 받아들이지 않았던 생물학자들이 많았다. 즉 진화는 받아들이면서도 이들은 생존 경쟁이 아닌 다른 메커니즘을 (예를 들어 협동을) 진화의 메커니즘으로 상정했던 것이다. (Todes, 1987)

아인슈타인의 경우는 더 극적이다. 아인슈타인은 그가 고등학생일 때 빛의 속도로 날아가면서 빛을 보는 사고 실험을 한 뒤로 빛의 운동과 관련된 어떤 문제를 골똘히 생각해 왔다. 아인슈타인의 고민은 심각한 모순 주변을 맴돌고 있었는데, 그것은 나중에 분명하게 정식화되었듯이 갈릴레오의 상대성 원리와 빛의 속도와 관련된 몇 가지 실험 결과 사이의 모순이었다. 이것을 택하면 다른 하나가 성립하지 않는 모순적인 상황이 몇 년간 지속되었는데, 1904년이 되면 아인슈타인은 빛의 속도가 일정하다는 생각을 버리기 직전까지 이르게 될 정도였다. 그는 1905년에 시간을 혁명적으로 새롭게 정의함으로써 이러한 모순을 해결했다. 이 점에 대해서는 아인슈타인도 회고를 했고, 또 역사학자들도 이미 지적한 바가 있다. 문제는 그의 혁명적인 시간 개념의 근원이 무엇이었는가 하는 것이었다. 2000년에 과학사 학자 피터 갤리슨 (Peter L. Galison)은 아인슈타인의 시간 개념이 부분적으로 그가 특허국 직원을 하면서 접했던 시계 동기화 특허에 기인했던 것이라고 주장했다. (Galison, 2000) 이러한 주장이 옳다면(그리고 갤리슨의 주장을 설득력 있게 논박한 연구가 아직 나온 것 같지는 않기 때문에), 아인슈타인의 특수 상대성 이론은 물리학의 난제를 오래 고민하던 아인슈타인이 시계 동기화 기술로부터 시간에 대해 새로운 관념을 얻어서 이 둘을 결합시킴으로써 얻어낸 것이다. (Galison, 2000; 2003 참조)

4. 벡터 모형의 열 가지 함의

창의적 발견과 발명을 서로 다른 이질적 지식 요소들의 융합으로 볼 때 우리는 고등 교육에서 과학 정책에 이르기까지 벡터 모형에 담긴 여러 가지 함의를 새롭게 발견할 수 있다.

1) 고등 교육: 고등 교육 차원에서 융합 교육은 '르네상스 맨'을 키우는 교육이어서는 안 된다. 물론 두루두루 알고 있는 사람이 필요하며 이런 인재가 할 일도 분명히 있지만, 창의성을 함양하는 것을 목표로 할 때 복수 전공이나 트리플(triple) 전공 그 자체가 목적이 되어서는 안 된다는 것이다. 그것보다 학생들과 예비 연구자들에게, 열린 자세로 문제를 대하고, 자기 분야의 가용 재원만으로는 문제가 해결되지 않을 수도 있음을 이해하며, 이런 경우 유연하고 개방적인 태도로 다른 재원을 탐색해 보는 태도를 가르치는 것이 더 중요하다. 교육 과정에서 학생들로 하여금 실제로 이러한 경험을 해 보게 하면 좋겠지만, 개인 차원에서는 이것이 쉽지 않을 수 있다. 조금 더 가능성이 높은 방법은 팀 단위의 작업을 통해서 팀 구성원 중 한 사람의 전문성과 다른 사람의 전문성을 합쳐서 해결이 안 되던 문제의 실마리를 잡는 것을 경험하게 하는 것이다.

2) 잡종화: 지식 융합의 중요성은 두 지식이 기계적으로 합쳐지는 데 있는 것이 아니다. 창의적인 문제 해결에서 서로 다른 두 지식은 1:1의 공평한 비율로 합쳐지지 않는다는 것이다. 지식 융합은 한 분야에서 오랫동안 연구에 골몰하다가 결국 이 분야에서 해결이 안 되는 문제를 다른 분야의 용어, 개념, 방법론, 이론, 담론, 실행, 기구, 실험 디자인이나 실험 시스템을 빌려와서 해결하는 경우가 많다. 이러한 하나의 해결이 역사적으로 매우 중요해지면서 모형이 될 경우에 이로부터 새로운 '잡종' 분야가 서서히 발전할 수도 있다. 물리 화학이라는 새로운 분야를 열었던 빌헬름 오스트발트(Wilhelm Ostwald)는 이것을 "무시된 차원의 세계(the world of ignored dimensions)"라

고 불렀는데(Ostwald, 1922), 생화학, 물리 화학, 분자 생물학, 정치 심리학 등이 이렇게 탄생한 분야이다. 마테이 도강(Mattei Dogan)과 로버트 파레(Robert Pahre)는 이러한 학문의 탄생을 "잡종화(hybridization)"라고 부른다. (Dogan and Pahre, 1990) 창의적 융합은 두 분야를 1:1로 섞는 식의 '짬뽕'이 아니다.

　3) 주변부의 중요성: "기존 패러다임에 갇히면 안 된다."라는 경구는 창의적인 혁신이 그 패러다임의 중심에 있는 사람들에게서 일어나기 힘들다는 것을 의미한다. 기술사 학자 에드워드 콘스탄트 2세(Edward Constant II)는 터보제트 혁명과 같은 기술 패러다임의 혁신적인 변화가 기존의 프로펠러 엔진 기술을 발전시켜 왔던 주류 엔지니어 집단이 아니라 여기에 끼지 못한 주변부 엔지니어나 심지어 기술과는 조금 거리를 둔 과학자들에게서 출발했다는 점을 지적한다. (Constant II, 1980) 중심에 있는 사람들은 자신들이 성공했던 방식대로 변화를 추진하려 하며 다른 가능성을 고려하지 않는 반면에, 이러한 성공의 모멘텀을 공유하지 않는 사람들은 기존의 패러다임에 다른 요소들을 접붙이기 용이하다는 점을 보여 주는 사례이다.

　4) 협동 연구와 연구 팀의 다양성: "우리가 모두 생각이 비슷하다면 어느 누구도 생각한다고 할 수 없다."라는 월터 리프먼(Walter Lippmann)의 경구는 다양성의 중요성을 잘 드러낸다. 많은 사람들이 연결된 네트워크의 경우, 그 네트워크의 창의성이 다양성의 지수 함수에 비례한다는 조직 혁신 전문가인 존 카오(John Kao)가 제시한 카오의 법칙(Kao's Law)도 비슷한 의미이다. 그런데 이러한 경구나 법칙은 왜 다양성이 중요한가에 대한 답을 제공해 주지 못한다. 지금까지의 논의에 비추어 볼 우리는 다양성이 중요한 이유가 팀의 구성원이 증가함에 따라서 문제 해결에 필요한 가용 자원(resource)이 기하급수적으로 늘어나기 때문이라고 생각할 수 있다. 물론 연구팀의 경우에 연구 주제나 다른 요소들에 따라서 가장 적절한 팀의 규모가 있는데, 팀이 적절한 사이즈를 넘을 경우에는 문제 해결 과정을 공유하기 위해 필요한 커뮤니케이션에 드는 노력이 너무 커져서 효율성이 떨어지기 때문이다. 수백 명의 연

구원을 가진 연구소는 많지만, 한 연구팀은 많아도 12명 이내가 적절하다는 것이 지금까지도 변하지 않는 경험 법칙이다.

5) 발견/정당화의 맥락: 과학 철학자 한스 라이헨바흐(Hans Reichenbach)와 카를 포퍼(Karl Popper)는 "발견의 맥락"과 "정당화의 맥락"을 구분했다.* 이들에 따르면 발견의 맥락이란 천재적 상상력의 도약을 통해서 이루어지는 것으로, 설명이 불가능한 일종의 '비합리적인' 영역이었다. 천재의 상상력을 대체하는 '발견 기계'를 만드는 것은 불가능하다는 것이다. 대신 일단 발견이 이루어진 뒤에 이론과 사실의 관계, 이론과 이론의 관계 등의 "정당화의 맥락"에 대해서는 논리의 적용이 가능했다. 필자의 논의는 발견에 논리적 과정이 존재한다고 주장하는 것과는 거리가 멀지만, 그렇다고 발견의 과정이 천재의 영감과 스파크를 통해서 일어나는 것이기 때문에 합리적인 설명이나 이해가 불가능하다고 주장하는 것도 아니다. 포퍼나 라이헨바흐가 비논리적이고 비합리적인 상상력의 도약이라고 보았던 것은 문제가 해결되는 과정에서 그 분야 외부에 존재하는 엉뚱한 요소들이 문제 해결에 기여하는 과정이었다.

6) 혁신: 발명과는 달리 혁신(innovation)은 이미 알려진 발명을 새로운 방식으로 사용하는 것을 포함한다. 기존의 방향과는 다른 방향을 보고, 기존의 연관이 아닌 새로운 연관을 본다는 데에서 혁신도 창의적 활동이며, 창의적 발견/발명과 비슷한 구조를 가진다. 코닥 카메라의 설립자 조지 이스트먼(George Eastman)의 사례는 이것을 잘 보여 준다. 19세기에 사진은 전문 사진사의 영역이었다. 조지 이스트먼은 이런 전문 사진사들이 사용하는 건판에 문제가 있음을 발견하고 롤(roll) 건판을 만들었는데, 그의 예상과 달리 전문 사진사들은 여러 이유에서 이 롤 건판을 기피했다. 시장 예측을 잘 하지 못

* 발견의 맥락/정당화의 맥락은 1936년에 과학 철학자 라이헨바흐가 처음으로 도입한 개념으로, 과학 철학 분과에서 숱한 논의의 대상이 되었던 주제이다. 이 논의에 대해서는 Schickore and Steinle (2006) 참조.

해 실패한 발명의 사례였다. 그런데 이스트먼은 롤 건판을 내장한 인스턴트 카메라를 만들어서 아마추어 사진 애호가들에게 판매하기 시작했다. 사진을 전문가들만이 사용할 수 있는 까다로운 기술에서 보통 사람들도 즐길 수 있는 쉬운 기술로 바꿈으로써 새로운 시장을 창출했던 것이다. 다른 말로 하자면 이스트먼은 롤 건판, 즉 롤필름과 인스턴트 카메라의 순차적 발명을 통해서 '건판 사진-전문 사진사' 네트워크를 느슨하게 한 뒤에, 건판 사진을 새로운 사용자와 연결했다. 롤필름은 시장에서 실패했던 기술이고 인스턴트 카메라는 기존 카메라를 매우 단순하게 만든 것에 불과했지만, 이것들이 결합함으로써 새로운 사진 사용자를 만들어 내는 혁신의 원천이 되었던 것이다. (Jenkins, 1975)

7) 우연한 발견과 발명: 미국의 엔지니어 퍼시 스펜서(Percy Spencer)는 마이크로파를 방출하는 레이더를 가지고 실험을 하던 중에 주머니에 있던 초콜릿이 녹는 것을 보고 마이크로웨이브 오븐을 발명했다고 한다. 그렇지만 우연은 스펜서가 이룬 혁신의 한 가지 요소였다. 마이크로파가 열을 발생시킨다는 것은 이미 알려진 사실이었지만, 스펜서는 이것을 이용해서 음식을 조리할 수 있다는 생각을 처음으로 했고, 이것을 가능하게 하는 기계를 제작해서 여기에 특허를 신청했기 때문이다. 뢴트겐은 음극선의 성질을 규명하던 중에 검은 종이로 둘러싼 음극선관이 수 미터 떨어진 스크린에 형광을 내는 것을 발견했다. 이 발견은 우연한 것이었지만, 이것이 음극선의 효과가 아니라 전혀 다른 광선의 효과라는 것을 인식하고 이 광선의 성질을 규명하는 방향으로 연구를 돌렸던 것은 뢴트겐의 혁신이었다. 우리가 우연적인 발견이나 발명(accidental discovery/invention; serendipity)이라고 부르는 것 중 일부는 이러한 혁신의 성격을 갖는 것이다.

8) 사회 구성주의와 구성주의: 과학의 내적 발전에 사회 문화적 요소가 개입할 수 있다는 사회 구성주의(social constructivism)는 창의적인 발견과 대척점에 있는 것이 아니라, 오히려 창의적 발견의 하나의 유형을 제시하고 있다.

사회 구성주의는 과학의 내적이고 인지적인 요소와 사회적인 요소가 결합해서 과학적 발견과 이론의 선택이 일어남을 주장하는데, 이러한 이질적인 요소의 합은 앞에서 보았던 창의적 발견/발명의 본질과 다르지 않다. (Bloor, 1976) 다윈이 생물학이나 지질학 분야가 아닌 맬서스의 정치 경제학에서 문제 해결의 열쇠를 발견했고, 뉴턴이 연금술의 개념을 창의적인 방식으로 수리 천문학과 결합시켰음을 다시 상기해 보면 이 의미가 분명해질 것이다. 구성주의, 혹은 행위자-네트워크 이론(Actor-Network Theory, ANT)은 비인간 행위자를 포함해서 다양한 재원을 이용하는 과학 기술자의 적극적 행위를 통해 과학 기술-사회 네트워크의 공진화가 이루어진다고 주장한다. (Latour, 1987; 2005) 존 로(John Law)의 '이종적 공학(heterogeneous engineering)'도 엔지니어가 이질적인 자연적·기술적·인공적·사회적·인적 재원을 이용해서 문제를 해결하는 과정을 명료하게 보여 주고 있다. (Law, 1987)

9) 잠복기와 산책: 오랫동안 고민하던 수학 문제가 여행지에서 버스를 타는 순간에 갑자기 풀렸다는 쥘앙리 푸앵카레(Jules-Henri Poincaré)의 회고는 유명하다. (Poincaré, 1970(1924)) 이러한 사례를 종합해서 창의적 문제 해결은 몰입하는 시간에 이어서 이 문제를 잠시 잊고 지내는 '잠복기(incubation period)'나 꿈 같은 과정이 있어야 한다고 주장하는 학자들이 있다. (Barrett, 2001) 문제는 잠복기에 대해서 아직 밝혀진 것이 많지 않다는 것이다. 그렇지만 잠복기가 있다면 지금까지의 논의에 근거해서 그 역할을 생각해 보는 것은 가능하다. 문제에 열중하는 동안에는 지금까지 줄곧 해 오던 방식대로 문제를 푸는 경우가 많다. 그런데 해답의 열쇠가 다른 방향에 있고 이것을 포함시켜야만 문제가 해결되는 것이 창의적인 문제풀이의 경우라면, 소위 잠복기 기간 동안에 연구자의 머리에서는 기존의 연관들이 느슨해지거나 해체되고 새로운 연관을 맺을 준비가 이루어지는 것이라는 해석도 가능하다. 자신이 늘 하던 방향이 아니라 주위를 둘러보는 지적인 실험을 할 여유가 생긴다는 것이다. 목욕을 하거나 산책을 하는 것이 창의적인 발상을 이루는 데

도움이 된다는 오래된 지혜도 이러한 관점에서 그 긍정적 역할을 생각해 볼 수 있는 것이다.

10) 정책과 전략: 더 어렵고 더 전례가 없는 문제가 보통 더 큰 창의성을 요구하며, 보통 이런 창의적인 연구가 학계에서 더 높은 평가를 받는다. 창의적 연구의 속성을 볼 때, 이것을 예측해서 정책적으로 지원하기는 거의 불가능하다. 정부와 연구 기관의 최선의 정책은 창의성이 잘 발현되는 환경을 조성해 주는 것이다. 결과를 빨리 내라고 채근하거나 양적인 평가 위주로 업적을 평가하는 정책이 창의적인 연구를 저해하는 것은 분명하다. 아마도 정책보다 더 효과적인 것은 연구자 자신의 전략일 것이다. 연구자들은 문제가 충분히 해결되지 못했지만 빨리 연구를 마무리해서 조금 영향력이 떨어지는 학술지를 겨냥할 것인지 혹은 더 연구를 성숙시키고 문제에 대해 충분히 만족할 만한 답을 얻은 뒤에 영향력이 큰 학술지를 겨냥할 것인지를 선택할 수 있는 시점이 있으며, 이런 순간순간에 좋은 '전략'이 필요하다. 연구비 지원 기관의 정책이 아무리 기계적이고 판에 박힌 것이라고 해도, 연구자는 그저 이런 지원 기관이 휘두르는 실에 매달려서 춤을 추는 인형이 아닌 것이다.

5. 결론

우리가 지식 융합이라고 부르는 과정은 상이하다고 알려진 두 분야의 지식, 통찰, 경험, 방법 등의 요소들을 결합해서, 자신이 해결하려는 문제의 실마리를 잡아서 이것을 풀어내는 과정이다. 과학 문제를 푸는 과정에서 이러한 요소들이 꼭 과학적 지식일 필요는 없다. 예술적 통찰, 철학적 방법론, 사회 과학적 개념, 종교적인 믿음, 신비스러운 아이디어, 기계로부터 얻은 영감 등도 개입할 수 있다. 창의적 융합은 이러한 이질적인 지식들이 고민의 '용광로' 속에서 융해되어 하나로 합쳐지는 과정이다. 이 과정에서 그 요소가 어디에서 왔는지는 크게 중요하지 않다. 베르너 하이젠베르크(Werner K. Heisenberg)의 다음과 같은 지적은 이 글의 결론을 대신하기에 매우 적절하다.

인간의 역사에서 가장 결실이 많은 발전의 2개의 서로 생각의 경향들이 만나는 지점에서 일어난다는 이야기는 보편적인 참일 것이다. 이 경향들은 매우 다른 문화, 다른 시간, 다른 환경, 다른 종교에 기원을 둔 것일 정도로 서로 상이할 수도 있다. 따라서 이렇게 서로 다른 2개의 경향이 만나서 서로 상호 작용하는 것이 발생할 수 있다면, 우리는 그다음에 굉장히 흥미로운 발전이 뒤따를 것이라고 예측할 수 있다. (Heisenberg, 1959, 161쪽)

홍성욱(서울 대학교 생명 과학부·과학사 및 과학 철학 협동 과정 교수)

2부

성공 융합의 사례들

3장 칼로리, 노화, 수명[*]

다학제적 노화 연구 프로그램의 탄생

I. 서론

노화와 칼로리 섭취량 사이의 관계는 노화학(gerontology)의 중요한 문제였다. 이 글은 이 문제에 대한 연구를 노화학의 다학제(multidisciplinary)적 연구 프로그램으로 만드는 데 성공한 미국 과학자 클라이브 메인 맥케이(Clive Maine McCay)에 대한 것이다. 비록 과학사 학자들은 맥케이에 대해 많은 글을 남기지 않았지만 과학자들, 특히 노화 연구자들은 그를 주요한 인물로 지목하는 데에 주저하지 않았다. 1956년에 이미 영국의 노화학자 알렉스 컴포트(Alex Comfort)는 맥케이의 연구가 매우 주목할 만하며 "포유동물의 연령에 관하여 수행된 연구 중 유일하게 성공적인 것"이었다고 말했다. (Comfort 1956, 148쪽) 또한 주요 노화학자들의 생애에 대한 기록이 담겨 있는《노화학 프로파일스(*Profiles in Gerontology*)》에 따르면 몇몇 연구자들은 맥케이의 실

---

* 이 글은 Hyung Wook Park, "Longevity, Aging, and Caloric Restriction: Clive Maine McCay and the Construction of a Multidisciplinary Research Program," *Historycal Studies in the Natural Sciences* 40 (2010)의 79~124쪽을 간추려서 번역한 것이다.

험이 "노화학자에 의한 진정한 독창적인 기여를 대변하는 노화 생물학의 유일한 연구일 것"이라고까지 주장하고 있다. (Unnamed, 1995)

비록 수명과 적은 음식 섭취에 대한 과학적 논문은 맥케이가 실험을 시작하기 전인 1910년도부터 출판되기 시작했지만, 그의 연구는 여러 마리의 실험 동물을 사용하여 칼로리 감축의 효과를 시각적으로 강렬한 방식으로 보여 주었다는 점에서 그 전의 연구와 다르다. 그러나 그의 경력에서 더 중요한 부분은 그의 최초의 발견 이후 그가 한 일들에서 발견된다. 즉 1930년대 후반부터 맥케이는 칼로리 감축이 수명과 노화에 미치는 영향에 대한 연구를 노화학의 연구 프로그램 중 하나로 만들었는데, 이것은 초기 노화학자들이 만들어 내려고 애쓴 협동 연구의 하나의 모델을 보여 주었다. 역사학자 W. 앤드루 아첸바움(W. Andrew Achenbaum)과 사회학자 스티븐 카츠(Stephen Katz)가 기술했던 것처럼, 노화학은 1930년대와 1940년대를 거치며 생물학, 의학, 심리학, 사회학 등을 포괄하는 넓은 다학제적 학문 분야로 성장했다. (Achenbaum, 1995; Katz, 1996) 이때 초기의 노화학자들은 노년기의 건강, 고용, 심리학적 적응과 같은 문제뿐 아니라 식물, 미생물, 곤충, 배양 중인 세포 등에서 발견되는 노화 현상을 아우르는 다양한 문제에 관심을 가졌다. 노화학을 구성하는 다양한 연구 분야들에서 온 학자들은 자신의 전문성과 학문적 정체성을 유지하되 다른 분야에서 온 사람들과 협력하여 노화의 다양한 성격에 대한 연구에 기여할 것이라고 기대되었다. 그러나 이것을 어떻게 수행할 수 있을 것인지는 그들에게 명확하지 않았는데, 이때 맥케이의 연구는 노화학자들이 어떻게 협력할 수 있을지에 대한 하나의 선례를 남긴 것이다.

맥케이의 연구의 이러한 측면은 과학의 통일성이란 문제에 관해 중요한 함의를 가진다고 할 수 있다. 현재 여러 과학사가들과 과학 사회학자들은 과학이 근본적으로는 통일적이지 못함에도 불구하고 과학자 간의 협력과 소통이 어떻게 가능한지에 대해 연구하고 있다. 이때 노화학의 예는 이 가능성을 보여 주는 하나의 예가 될 수 있을 것이다. 사회학자인 카츠에 따르면 노화학은 느슨하게 연결된 여러 연구 프로그램과 연구 기관의 '연결망'으로 성장해 왔는데, 이러한 느슨함은 다학제적 분야로서의 노화학의 약점보다는 강점으로 간주되어야 한다. 사실, 몇몇 노화학자들 본인이 지적한 바대로 노화학에는 패러다임이 될 수 있는 이론도 방법론도 존재하지 않지만 계속되고 있는 학회와 논문의 출판은 노화학이 스스로의 정체를 어느 정도는 유지해 왔다는 사실을 보여 준다. 그렇다면 무엇이 노화학의 이러한 성격을 형성하게 만들었을까? 다른 논문에서 나는 노화학 초창기에 기여한 여러 가지 요인들을 통해서 이것을 설명하려 했다. 그것들은 미국 교과서의 전통과, 대공황이라는 시대적 배경, 그리고 20세기 초반 미국의 생물학 연구의 독특한 형태이다. 이번 논문에서 나는 이것들 외에도 노화학 초창기에 중요한 역할을 했던 구체적 연구 프로그램에 중점을 두도록 할 것이다. 나는 맥케이의 연구가 노화학에서 다학제적 협동 연구가 가능하게 만든 하나의 초점을 형성했다는 것을 보일 것이다. 이러한 형태의 연구는 더 긴밀한 융합 연구라고 알려져 있는 학제간 연구에 비해서는 밀도가 떨어진다고 할 수도 있으나 노화학의 정체성의 형성에서 매우 중요한 역할을 담당했으며 이후 협동 연구의 한 모델을 보여 주었다는 점에서 큰 의미가 있다.

2. 성장, 수명, 그리고 축산학

맥케이는 1898년에 인디애너 주 위너맥(Winamac)에서 태어났다. 그는 일리노이 주립 대학교에서 화학으로 학사 학위를, 버클리 소재 캘리포니아 대학교에서는 C. L. A. 슈미트(C. L. A. Schmidt)의 지도하에 영양과 생화학 분야에서 박사 학위를 취득했다. 이때 그는 버클리에 잠시 머물고 있었던 비타민 A의 발견자 엘머 맥컬룸(Elmer McCollum)으로부터 두 과목을 수강한 것으로 알려져 있다. 박사 학위를 받은 후 그는 미국 연방 정부가 수여하는 국립 연구원 장학금(National Research Council Fellowship)을 받아 예일 대학교에 가게 되었는데, 여기서 그는 유명한 영양학자이자 생화학자인 라파예트 멘델(Lafaytte B. Mendel)과 함께 연구할 기회를 얻게 된다.

예일에서 맥케이는 멘델과 그의 동료 토머스 오스본(Thomas B. Osborne)을 만나 칼로리 섭취에 대한 실험을 시작할 수 있게 되었다. 멘델과 오스본은 여러 가지 영양학적 문제를 연구 중이었는데, 그중에는 특정 영양소가 음식물에 부족하게 될 때 쥐(rat)의 성장이 받는 영향에 대한 것도 있었다. 이 실험 중에 그들은 상당히 흥미로운 현상을 하나 발견하게 되었다. 1917년 부족한 영양 섭취 조건에서(이것은 음식의 양을 줄이거나 필수 아미노산 몇 가지가 없는 먹이만을 먹거나 다른 주요 영양소가 부족한 인공적 사료를 먹는 등의 방식으로 이루어졌다.) 쥐의 성장이 얼마나 오랫동안 정지되어 있을 수 있는지에 대해 연구하던 멘델과 오스본은 이들이 정상 쥐들보다 더 오래 살 수 있다는 것을 발견한 것이다. (Osborne et al., 1917) 효모가 없는 먹이가 초파리의 수명을 연장시킬 수 있다는 존 노스럽(John H. Northrop)의 연구와 더불어 멘델과 오스본의 이 연구는 부족한 먹이와 수명과의 관계를 다룬 최초의 실험적 연구라 할 수 있다. 맥케이가 노스럽의 연구를 알고 있었는지는 분명하지 않지만 그의 스승들의 연구는 분명히 알고 있었으며, 훗날 맥케이의 동료의 발언에 따르면 멘델은 맥케이로 하여금 이 연구 주제를 더 탐구해 보라고 격려했다고 알려져 있다.

그의 스승이 그러했던 것처럼 맥케이는 실용적인 연구를 하는 곳에서 자신의 주된 연구 주제를 선택했다. 멘델과 오스본이 코네티컷 농업 연구소에서 농학 관련 연구를 수행했던 것처럼, 맥케이는 코네티컷 주 벌링턴 부화장에서 그의 새로운 연구를 시작했다. 당시에 야생 송어의 수가 줄어들고 있다는 지적이 있었는데, 이 문제에 대한 예일 농과 대학의 대응은 송어를 인공적으로 사육하여 강에 풀어놓는 것이었다. 이때 맥케이는 이 송어들을 기르는 데에 사용되는 저렴하지만 영양학적으로 우수한 사료를 만드는 데에 노력을 기울였다. 이 사료는 물론 송어의 성장을 촉진해야 했지만 그 외에도 송어의 수명, 활력, 그리고 번식력도 증진시킬 수 있는 것이어야 했다. 이중에서 강에서의 생존력을 높이는 데에 있어 수명의 중요성은 명백했다.

맥케이는 먹이를 적게 주는 것의 중요성을 단백질, 비타민, 미네랄 등 다양한 영양분들이 수명에 대해 가지는 효과를 검사하는 도중에 알게 되었다. 그는 송어에게 주는 단백질의 양을 다양하게 조절하여 실험한 끝에 단백질을 적게 먹인 송어는 충분하게 성장하지 못하지만 많은 양의 단백질을 먹은 송어들이 모두 죽은 20주 이후에도 살아 있다는 것을 발견했다. 이 살아남은 송어들은 20주 후 생간을 먹게 되었고 정상적인 성장을 이어 나갈 수 있었다. 이 송어들 중에는 모든 송어들이 죽은 29주까지 생존하는 것들도 있었다. 이것은 멘델과 오스본이 쥐를 통해 발견한 것이 송어들에게도 맞다는 것을 보여 준 하나의 예인 것이다. (McCay et al., 1927)

이러한 실험을 마친 후 맥케이는 왜 적은 단백질을 먹인 송어들이 오래 살 수 있었는지에 대해 연구하게 되었다. 이 연구를 위해 그는 먹이를 주지 않은 일군의 송어들을 적은 양의 단백질을 먹인 송어들과 비교했는데, 전자가 계속 체중 감소를 겪는 것과 달리 후자는 일정한 체중을 유지한다는 것을 확인할 수 있었다. 그런데 1920년대에는 체중이 칼로리 섭취와 밀접한 관련을 가지고 있다는 담론이 대중과 학자들, 의사들 사이에 유행하고 있었고, 맥케이는 바로 이러한 담론을 받아들여 단백질의 양이 적은 음식에서 중요한 요소는 바로 그것이 가진 낮은 칼로리라고 주장하게 된다. 먹이를 전혀 먹지 못한 송어들이 칼로리의 부족으로 체중 감소를 겪는 것과는 달리 적은 양의 단백질만을 섭취한 송어들은 체중을 유지할 정도의 칼로리는 얻었다는 것이다. 1928년에 출판한 논문에서 맥케이는 이 문제에 대해 더 자세한 설명을 남기지는 않았지만 이것은 칼로리 섭취와 성장, 체중의 문제에 대해 맥케이가 이미 깊은 관심을 가지고 있었음을 보여 준다.

그러나 1920년대에 맥케이는 수명이나 칼로리 섭취에 대해 더 깊은 연구를 하지는 않았다. 여전히 동물의 성장은 다른 문제들보다 중요하고 시급한 문제였고 이것을 촉진시키는 방법을 발견하는 것이 실용적 문제를 중시하는 그의 연구 환경에 더 부합하는 것이었기 때문이다. 이러한 상황은 그가 적은 양의 단백질을 공급받은 송어들이 약 2배 이상 생존할 수 있다는 것을 언급하는 1929년 논문에서도 마찬가지였다. 맥케이에 따르면 이것은 "몸이 생존에 필수불가결한 어떤 물질들을 많이 보유하고 있는데 이것이 성장하는 동안 소비된다는 것을 의미하는 것"으로 보았다. (McCay et al., 1929) 하지만 이 논문조차도 수명과 칼로리에 대해 초점을 맞추지 않았다. 이것은 그가 예일을 떠난 후에야 그의 중점 연구 과제로 떠오르게 되었다.

1927년 맥케이는 예일 대학교에서 우연히 만난 레너드 메이너드(Leonard Maynard) 교수의 추천을 받아 코넬 대학교 뉴욕 주립 농과 대학의 축산학과에 조교수로 부임하게 된다. 그의 새로운 자리는 그의 연구가 뉴욕 주의 농부들과 사육사들의 관심사와 부합해야 한다는 것을 의미했다. 코넬 대학교의 일부였던 뉴욕 주립 농과 대학은 그 설립 목적부터 뉴욕 주 내의 농부들과 동물 사육 업자들을 위한 것이었기 때문이다. 그는 이러한 환경 속에서 농장에서 사육되는 동물들, 특히 소, 염소, 양의 영양에 대한 연구를 했고, 예일에서 수행하던 송어들에 대한 연구도 계속해 나갔다. 예컨대 그는 저지방 사료가 소의 우유와 혈액 속의 지방의 상태에 미치는 영향을 조사했고 대구 간유가 양과 염소에게 미칠 수 있는 독성에 대해서도 실험했다.

1933년에 맥케이는 과학 저널인《사이언스(Science)》에 수명과 성장에 대한 논문을 발표했는데, 이 논문은 당시 맥케이가 이러한 새로운 연구 환경에서 고민하고 있던 문제와 직결되어 있었다. (McCay, 1933) 이 글의 첫 문단에서부터 맥케이는 빠른 성장을 가져오는 사료가 가장 이상적인 사료라는 농부와 사육업자 사이에 넓게 퍼진 믿음을 강하게 비판했다. 그 비판에 따르면 이러한 믿음은 빨리 성장하는 개체가 가장 건강한 개체이며 이들이 가장 오래까지 살아남을 수 있다는 생각을 불러일으키기도 했다. 물론 이러한 믿음은 성체가 된 후 바로 도살되는 동물들에서는 어느 정도 적용될 수 있을 것이다. 그러나 맥케이는 젖소나 말, 닭 등의 경우에는 그렇지 않다는 것을 강조했다. 왜냐하면 이 동물들은 오래 살면서 우유와 노동력, 계란 등을 계속 공급해 주는 것이 인간에게 유리했기 때문이었다. 하지만 바로 이 당연한 사실이 많은 사육사들과 농부들에게는 잘 인식되지 않았으며 그와 다른 과학자들이 최근에 밝혀내기 시작한대로 빠른 성장과 긴 수명이 동일한 개체에서 같이 관찰되기는 어렵다는 사실은 그들에게 거의 전혀 알려져 있지 않았다.

1931년경 맥케이와 그의 학생인 메리 크로웰(Mary Crowell)은 성장과 수명의 관계를 쥐와 저칼로리 사료를 통해 연구하기 시작했다. 이것은 물론 예일 대학교 시절부터 이어진 성장 속도, 칼로리, 수명에 대한 연구의 연속선상에 있었다. 1934년에 발표한 이 연구의 결과는 여러 면에서 매우 경이적이었다. (McCay and Crowell, 1934) 그는 젖을 뗀 106마리의 어린 쥐들을 세 그룹으로 나누었고 첫 번째 그룹에게는 원하는 대로 모든 먹이를 주었고 두 번째 그룹의 쥐들에게는 젖을 뗀 바로 직후부터 칼로리가 극히 제한된 사료만을 먹였으며 세 번째 그룹의 경우는 첫 두 주에만 마음대로 먹을 수 있게 한 후 바로 저칼로리 사료만을 공급했다. 여기서 두 번째, 세 번째 그룹의 쥐들은 아주 가끔씩만 칼로리를 공급받아 성장할 수 있도록 했고 28주에 이른 후에야 원하는 대로 모든 것을 먹을 수 있도록 했다. 놀랍게도 평균 수명이 두 번째와 세 번째 그룹에 속하는 수컷 쥐들의 경우 각각 792일과 883일인 데 비해 첫 번째 그룹은 겨우 509일에 불과했다. 더 놀라운 것은 맥케이의 논문이 작성 중인 바로 그 시점에도 이 두 그룹의 쥐들은 살아 있었기 때문에 평균 수명 자체가 계속 늘어나는 중이었다는 점이다. 1,200일이 지난 후에 첫 번째 그룹에 속한 쥐들은 모두 죽어 사라진 반면 두 번째와 세 번째 그룹에 속한 쥐들은 열세 마리나 살아남아 있었다.

맥케이의 이러한 연구는 예일에 있던 그의 스승의 연구를 뛰어넘는 것이었다. 맥케이는 멘델과 오스본보다 훨씬 더 많은 쥐들을 사용했으며 1,200일 이후에도 살아남는 개체들을 발견했다. 그러나 그의 스승들은 약 네 마리의 장

수하는 쥐들을 관찰했을 뿐이며 이들마저 1,000일이 되기 전에 모두 죽어 버렸다. 또 멘델과 오스본이 그들의 쥐들에 영양을 줄이기 위해 여러 가지 다양하고 잡다한 방법을 사용했다면 맥케이는 단 하나, 즉 칼로리의 양만이 부족한 사료를 사용했다.

그러나 맥케이의 실험에서 가장 주목할 만한 부분은 그의 실험이 노화에 관한 문제를 부각시켰다는 것이다. 멘델과 오스본의 연구 보고서에서 노화는 매우 짧게 언급되어 있을 뿐이나 맥케이는 이 문제를 전면에 들고 나왔다. 만약 칼로리를 적게 섭취한 쥐가 오래 살 수 있다면 이것은 과연 무엇 때문인가? 혹시 노화 자체가 지연되었기 때문은 아닌가? 맥케이는 "털을 관찰하는 것은 관습적인데, 이것은 그것의 상태가 종종 몸 안에서 일어나고 있는 변화를 시사해 주기 때문이다."라고 그의 논문에서 언급했다. 이와 관련하여 "성장이 (저칼로리 사료로 인해) 정지되었던 동물들의 털은 비단결 같은 상태로 남아 있는 데 비해 빠르게 성장한 쥐들은 이미 거칠어졌다."라는 사실이 중요했다. 그는 이러한 주장과 함께 세 장의 사진을 추가했는데, 그중 한 사진은 칼

그림 1 오른쪽 쥐에 비해 왼쪽 귀가 더 많은 칼로리를 성장 과정에 섭취했으며 동일한 연령임에도 불구하고 조금 더 나이들어 보인다. C. M. McCay and Mary F. Crowell, "Prolonging the Life Span," *The Scientific Monthly*, 1934, 39의 407쪽에서 인용.

로리를 많이 섭취한 쥐와 적게 섭취한 쥐를 한 카메라 프레임에 담고 있었으며, "이러한 전형적인 쥐들은 모두 생후 900일이 된 것들이다."라는 설명이 달려 있었다. (**그림 1** 참조) 실로 독자들에게 칼로리를 적게 섭취한 쥐는 그것을 마음껏 섭취한 쥐에 비해 같은 나이임에도 불구하고 더 젊어 보였을 것임에 틀림없다.

그러한 이러한 사진들은 그 자체로 여러 가지 문제를 내포하고 있었다. 그 두 쥐들은 얼마나 전형적인가? 칼로리를 적게 섭취한 쥐는 실제로 젊은가, 아니면 그저 젊게 보이는 것뿐인가? 혹시 이 사진 속 쥐들은 자신의 주장을 뒷받침하려는 맥케이의 의도적 선택의 결과가 아닌가? 이후에 내가 다시 언급할 것이지만, 이 사진은 노화에 대해 보여 주는 것보다 감추는 것이 더 많았으며, 어떤 의미에서 우리는 바로 이러한 감추는 것으로부터 노화학에 대한 연구가 시작되었다고 할 수 있다.

역사적으로 말한다면, 이 사진은 영양학자들이 구축해 왔던 전통의 일부라고 할 수 있다. 사진 속에 두 쥐들의 외견을 비교하는 것은 사실 영양학자들의 만들어 낸 중요한 **시각적 기술**(visual technology)의 일부이기 때문이다. 비타민 A의 발견자인 맥컬럼은 그의 논문에서 비타민의 효과를 나타내기 위해 비타민을 섭취한 쥐와 그렇지 않은 쥐를 비교한 사진을 사용했으며 멘델과 오스본도 하나의 사진에서 두 쥐를 보여 줌으로써 자신들의 영양학적 주장을 뒷받침했다. 그들의 제자라고 할 수 있는 맥케이는 바로 이러한 기술을 좇아서 사용했고 이는 다른 과학자들과 대중을 설득하는 데에 매우 효과적이었다.

그러나 맥케이의 쥐들은 사진에서 보이지 않는 여러 가지 문제들을 가지고 있었다. 칼로리를 적게 섭취한 쥐가 사진 속에서는 비교적 젊고 건강하게 보이지만 사실상 여러 가지 구조적·기능적 문제를 가지고 있었다. 예컨대 그 쥐들은 정상적으로 먹이를 섭취한 쥐만큼 자라나질 못했다. 크기와 몸무게에 있어 칼로리를 적게 섭취한 쥐들은 정상 쥐보다 많이 떨어졌던 것이다. 또

이 쥐들은 정상 쥐에 비해 뼈의 칼슘이 부족하고, 따라서 작은 충격에도 쉽게 부러질 수 있었으며 생식 기관도 정상적으로 작동하지 않는 듯했다. 수컷 쥐의 경우 정자의 운동성이 떨어진다는 것이 관찰되었으며 암컷의 경우 월경이 일어나지 않거나 일어나더라도 불규칙적이었다. 이러한 모든 문제들은 맥케이가 처음에 칼로리 감축 실험을 시행하면서 생각했던 것, 즉 축산의 목적에 있어서 그의 방법이 별 의미가 없다는 것을 가리켰다. 체중, 크기, 생식 능력, 뼈의 강도가 정상 동물에 비해 현저히 떨어지는 개체가 실용적인 목적으로 동물을 키울 때에 어떤 의미가 있을지는 의문이었다.

그러나 맥케이는 칼로리를 적게 섭취한 동물들이 어떤 측면에서는 정상 동물들보다 더 낫다는 것을 강조했다. 젊게 보인다는 점 외에도 적게 먹은 쥐들은 낮은 암 발생율을 보여 주었으며 청각 기관과 허파를 포함한 내장 기관의 질병에도 적게 시달린다는 것이다. 사실 이 질병들은 많은 늙은 쥐들의 사망 요인의 주요한 부분을 차지하는 것들이었다. 더욱이 칼로리를 적게 섭취한 쥐들은 오랜 시간 충분하지 못한 먹이를 먹었음에도 불구하고 여전히 매우 활동적이었다.

하지만 맥케이의 연구 자체는 이러한 장점들을 무색하게 만들 수 있는 치명적인 이론적 문제를 가지고 있었다. 그중 하나는 그가 사용한 쥐들의 유전적 구성의 문제였다. 사실 당시에는 토머스 헌트 모건(Thomas Hunt Morgan), 클래런스 리틀(Clarence C. Little) 같은 과학자들의 주도적인 연구를 통해 유전적으로 표준화된 초파리, 생쥐(mouse) 등이 생물학 연구에서 사용되기 시작했다. 이 유전적으로 표준화된 동물들은 동일한 유전적 배경을 제공하여 어떤 실험적 조작이 가해지면 그 결과를 더 명확하게 관측할 수 있게 해 주었다. 즉 이 동물들을 사용함으로써 과학자들은 유전적 영향이 실험 결과에 미치는 영향을 배제할 수 있었던 것이다. 그러나 영양에 관한 연구를 하고 있었던 맥컬룸, 멘델, 오스본 등의 과학자들은 유전적으로 표준화된 동물들을 사용하지 않았다. 비타민 A를 발견한 맥컬룸조차 그의 혁신적인 연구에서 유전적으로 표준화되지 않은 쥐들만을 사용한 것이다. 이것은 필라델피아에 있는 위스타(Wistar) 연구소에서 있었던 몇몇 선구적인 노력에도 불구하고 20세기 초중반에는 대체로 유전적으로 표준화된 쥐들이 사용되지 않았다는 사실에 기인한다.

또 한 가지의 심각한 문제는 예일 대학교에 있던 경제학자이자 우생학자, 그리고 보건 운동가인 어빙 피셔(Irving Fisher)가 보낸 편지에 잘 드러나 있다. 맥케이는 자신의 연구를 발표한 후 여러 사람들로부터 코멘트를 받았는데, 피셔는 그의 서한에서 칼로리를 적게 섭취한 쥐들이 사실은 정상 쥐에 가까우며 맥케이의 "정상" 쥐들은 실제로 비정상적으로 과식한 쥐가 아닌지 의문을 제기했다. 피셔에 따르면, 후자가 전자보다 빨리 죽은 이유는 단순히 과식 때문이며, 전자는 쥐에게 주어진 자연 수명을 채운 것일 수도 있는 것이다. 그러나 맥케이는 칼로리 섭취 제한으로 인해 늘어난 수명이 상당히 길기 때문에 정상적으로 사료를 먹은 그 어떤 쥐들에서도 그 정도 수명은 기대할 수 없다고 반박했다. 그러나 이러한 반박은 피셔가 지적한 부분을 단순히 피해 가는 것에 그쳤다. 피셔의 질문의 요점은 맥케이가 쥐의 "정상 수명"이 무엇인지 알고 있어야 한다는 것이었기 때문이다. 또 이 정상 수명이란 오랫동안 자연 속에서 다른 생명체들과 함께 진화를 거쳐 온 야생 상태의 들쥐들로부터 관찰되어야 했다. 야생 쥐는 실험실에 있는 쥐들만큼 잘 먹을 수 없기 때문에 아마도 맥케이의 실험실에서 칼로리를 적게 섭취한 쥐들만큼 오래살 수 있을 것 같았다.

그러나 이러한 문제는 사실 해결하기 힘들어 보였다. 야생 상태의 쥐들은 대체로 포식자에 의해 먹히거나 질병에 걸리거나 여러 가지 사고로 인해 자신의 "진정한 수명"을 채울 수 없는 것 같았기 때문이다. 또 에너지 수요의 측면에 있어서도 맥케이의 쥐들은 야생의 쥐들과 완전히 달랐다. 실험실 쥐들이 충분한 운동을 하지 못하는 환경 속에서 적은 에너지만을 소비할 수 있었다면 야생 쥐들은 대단히 많은 에너지를 사용해야 했다. 자신의 연구 경력 내내 대체로 실험실과 부화장과 농장이라는 인공적인 환경 속에서만 연구해 왔던 맥케이는 이러한 문제들을 과연 어떻게 해결할 수 있을 것인가. 과학사가 로버트 콜러(Robert Kohler)가 지적했던 것처럼 이것은 야생 동물이 실험실의 경계를 넘어올 때 어떻게 변형되는가에 대한 문제일 것이다. (Kohler, 2002) 이미 넘어온 후의 상태에 대해서만 연구를 해 왔던 맥케이가 그 전의 상태와 관련된 문제들을 어떻게 대처할 수 있는지는 의문일 수밖에 없다.

이것은 칼로리 섭취의 문제를 연구하는 이후의 과학자들을 계속 괴롭혀 왔으나 최근에는 해결 방안이 찾아지기 시작했다. 과학자들은 야생 동물들이 얼마나 많은 칼로리를 섭취하는지 알기는 매우 어려우나 반대로 얼마나 많은 칼로리를 소비하는지는 비교적 쉽게 측정할 수 있다는 사실을 알아냈고, 에너지 섭취와 소비가 대체로 야생에서는 일정하다는 사실을 가정한다면 후자를 관측하는 것이 전자에 대해 믿을 만한 추측을 하는 길이라고 생각하기 시작했다. 이러한 방식을 동원하면 노화와 수명에 관련된 오래된 문제의 해결 방안은 찾아질 수 있을 것이며 이것은 실험실 생명 과학자들과 생태학자들 간의 협력 작업의 좋은 예가 될 것이다.

그러나 서로 다른 문제를 연구하는 사람들 사이의 협력은 맥케이 이후 이미 칼로리 섭취와 수명에 대한 연구에 있어 오래된 전통이 되어 왔다. 흥미롭게도 맥케이의 연구에서 드러난 많은 이론적·실천적 문제들은 맥케이와 그의 동료들로 하여금 연구를 그만두게 하기는커녕 축산학, 농학, 의학, 심리학 등을 아우르는 큰 협력적 연구가 이루어지는 장을 만들게 했다. 한 주립 농대에서 시작된 작은 프로젝트는 그 최초의 영역을 넘어서 의학, 생리학, 심리학, 치의학 등 다른 여러 연구 분야로 뻗어 나가게 된 것이다. 다음 장에서는 나는 1930년대와 1940년대에 일어난 여러 가지 일들의 기술을 통해 이러한 연구 영역의 확대가 어떻게 이루어졌는지 분석할 것이다.

3. 록펠러 재단, 모델 생명체, 그리고 협동 연구

맥케이가 시작한 연구의 제도적 확장은 록펠러 재단의 의학 연구 분과를 이끌던 앨런 그레그(Alan Gregg)가 1935년 5월 29일 맥케이의 실험실을 찾은 것으로부터 시작되었다. 그레그는 코넬 대학교 방문을 통해 매우 깊은 감명을 받았으며 맥케이와 그의 동료들이 매우 흥미로운 주제를 연구하고 있다고 생각하게 되었다. 그러나 그레그는 맥케이의 주제가 자신이 지휘하고 있는 의학 연구 분과보다는 워런 위버(Warren Weaver)와 프랭크 블레어 핸슨(Frank Blair Hanson)이 관리하고 있던 자연 과학 분과에 더 맞는다는 사실을 깨닫고 이 분과에 대한 지원 책임을 그들에게 넘겨주었다.

1930년대 위버의 지휘하에 록펠러 재단의 자연 과학 분과는 새로운 모습으로 거듭났다. 위버는 맥스 메이슨에 의해 록펠러 재단의 자연 과학 분과장으로 임명된 후 자신이 속해 있던 위스콘신 대학교의 학제간 연구 전통을 그곳으로 가져왔다. 그러나 1930년대의 대공황은 재단의 재정에 심각한 문제를 가져왔고 재단은 많은 미래의 연구 분야를 포기함과 동시에 그 전에 자신이 심혈을 기울여 지원해 왔던 생물학과 의학 분야에 집중하게 되었다. 그럼에도 불구하고 이 생물학과 의학 분야의 프로젝트들은 기존의 학문 분야가 설정한 경계에 묶이지 않고 물리학과 화학, 수학을 대대적으로 도입하여 '생명 과정(vital processes)'를 연구하는 협동 연구 프로그램이 되어야 했다. 콜러가 지적한 바대로 이러한 연구들을 수행하는 과학자들은 각각의 특정 문제를 해결하기 위해 분야 간 경계를 자유롭게 넘나들 수 있어야 했다.

위버의 새로운 지원 프로그램은 맥케이가 제안한 것과 비교적 잘 맞아떨어졌다. 축산 문제에 그의 연구가 적용될 수 있을 것이라는 믿음을 완전히 포기하지는 않은 채로 맥케이는 그의 연구비 지원서에서 생화학과 생물리학, 생리학, 병리학, 심리학 등으로부터 접근법을 받아들여 자신의 연구를 '융합 연구'로 만들겠다고 주장했다. 그렇다면 맥케이는 왜 갑자기 이러한 주장을 하게 된 것일까? 물론 이것은 1930년대가 대공황기였다는 사실과 관련이 되어 있다. 이 어려운 시기에 대부분의 다른 연구비 지원이 끊긴 상태에서 록펠러 재단은 거의 유일한 기회였고, 무슨 일이 있어도 놓쳐서는 안 되는 것이었다. 따라서 맥케이는 록펠러 재단이 원하는 것에 자신의 연구를 잘 맞추어야 했다.

그의 연구 계획서에서 맥케이는 사료의 변화를 통해 실험 동물들의 생화학적·병리학적·생리학적 문제들을 추적하겠다고 썼으며, 실험 동물들의 지능과 행동의 변화도 실험 심리학자들과의 협력 연구로 분석될 수 있다고 강조했다. 또한 그의 연구는 음식물이 생식 기관 변화에 미치는 영향을 통해 성의 생물학적 기초의 발견에 이바지할 것으로 기대되었는데, 이 역시 록펠러 재단이 많은 돈을 들여 지원하고 있는 분야 중 하나였다. 맥케이에 따르면 그의 연구는 연령과 음식물 섭취, 생식의 관련성을 보여 사회적 발전에도 기여할 수 있는 것이었다.

이때 맥케이의 연구는 영양학으로 분류되었다. 분명 맥케이는 자신의 연구를 지칭하기 위해 "노화"라는 단어를 사용할 수도 있었으나 그렇게 했다면 재단은 그의 연구를 지원하지 않았을지도 모른다. 노화 연구는 록펠러 재단이 지원하고 있는 분야가 아직 아니었던 것이다.

이러한 맥케이의 연구는 록펠러 재단이 중시하는 융합 연구에 잘 맞았고 그의 연구에 대한 그의 동료들의 평가도 매우 긍정적이었으므로 록펠러 재단은 1936년에 4만 2500달러라는 금액을 지원하기로 결정했다. 이때 아직 조교수에 불과했던 맥케이 대신 레너드 메이너드가 연구 책임자로 이름을 등록했다. 이 금액은 1930년대의 기준으로 보아 상당히 큰 액수였다. 당시 록펠러 재단이 선정한 52명의 연구자 중 단지 10명만이 맥케이보다 더 많은 연구비를 받았던 것이다.

록펠러 재단의 돈은 맥케이와 그의 동료들에게 물질적·사회적 지원을 제공해 주었다. 그들은 연구비를 받은 후 쥐의 수를 300마리에서 1,000마리로 늘릴 수 있었으며 엑스선 장비, 심전도계 등 새로운 기계를 구입할 수 있었다. 또 그가 록펠러 재단 같은 대형 재단으로부터 돈을 받았다는 사실 그 자체도 많은 이들에게 맥케이의 연구가 중요한 주제임을 알리는 데에 큰 역할을 했다.

록펠러 재단의 지원금은 맥케이로 하여금 새로운 방식의 연구를 수행할 수 있는 과학자들을 고용할 수 있게 했다. 그는 실제로 물리학자, 화학자, 조직학자, 미생물학자 등을 고용할 수 있었고 이들은 쥐의 뼈가 겪는 물리 화학적 변화, 특히 그것의 칼슘 양, 강도, 밀도 등을 측정했다. 이 연구에서 그들은 엑스선을 사용하여 쥐 뼈의 성장과 노화를 시각화했으며, 칼슘이 적은 식단이 뼈가 가진 칼슘의 양에 미치는 영향을 측정하기 위해 칼슘을 붙잡아서 동물이 사용할 수 없게 만드는 기능을 가진 메타인산나트륨을 쥐의 사료에 넣어서 그 결과를 보기도 했다.

이러한 일련의 실험이 보여 주는 것처럼 맥케이와 그의 동료들은 칼슘에 많은 관심을 가지고 있었다. 그들은 몸의 여러 부분에 축적된 칼슘의 양이 변화하는 것이 노화의 진행 정도를 보여 주는 척도라고 생각했기 때문이다. 예컨대 그들이 보기에 칼로리를 적게 섭취한 쥐의 뼈에서 칼슘이 충분히 발견되지 않은 것은 그것이 비교적 젊게 보이는 외모에도 불구하고 최소한 뼈에서는 계속 노화가 일어났고 그동안 칼슘을 계속 잃었기 때문이었다. 그러나 동맥에서 발견되는 칼슘의 양은 그 양상이 매우 달랐다. 뼈와는 달리 대부분의 동맥은 나이가 들어 감에 따라 대체로 더 많은 칼슘을 가지게 되었기 때문이다. 이러한 결과는 맥케이와 그의 동료들에게 있어 노화가 몸의 각 부분에서 다른 방식으로 일어난다는 것을 의미했다. 따라서 노화의 본질을 이해하기 위해서는 신체 모든 부위의 노화를 각각 자세히 연구할 필요가 있었다. 그들은 실로 연골, 눈, 신장, 대동맥에서 일어나는 노화에 따른 칼슘 양의 변화를 측정했는데 대조군에 비교해서 연골에서는 칼슘 누적이 덜 일어난 데 비해 눈, 대동맥, 신장은 더 많은 칼슘의 누적을 보여 주었다. 이 결과는 몸의 각 기관이 그 노화의 속도와 양상에 있어 서로 다르다는 것을 의미했

다. 나중에 더 설명할 것이지만 이 결론은 맥케이의 연구가 노화 연구 프로젝
트로 발전하는 데에 중요했다.

　다른 연구소에 있는 과학자들도 맥케이의 쥐들을 받아 연구에 동참하게
되었는데, 이것은 그들이 아직 맥케이의 실험 방법을 되풀이하여 동일한 상
태의 쥐를 만들어 낼 수 없었다는 것과 관련이 있다. 이때 맥케이는 마침 록
펠러 재단으로부터 받은 돈 덕분에 다른 연구자들에게 나누어주어도 될 만
큼 충분한 수의 쥐들을 가지고 있었다. 또한 당시에 그의 연구가 언론에 보도
되기 시작하고, 자신이 직접 쓴 대중적 글들이 읽히기 시작하면서 맥케이의
이름이 조금씩 과학계와 일반인들 사이에서 알려졌는데, 아마도 이로 인해
다양한 분야와 기관에 종사하는 사람들이 맥케이에게 쥐를 요청하기 시작
한 것으로 보인다. 이것은 핸슨이 지적했던 것처럼 칼로리 연구 분야에서 매
우 중요한 발전의 토대가 되었다고 할 수 있다. 예컨대 노스캐롤라이나 대학
교의 윌리엄 맥나이더(William MacNider)는 맥케이로부터 얻은 쥐들을 이용
해서 노화에 따라 각종 화학 물질에 대한 민감성이 어떻게 변화하는지에 대
해 연구했고, 뉴욕의 치의학자 클리프턴 스미스(Clifton Smith)는 노화에 따른
치아와 턱뼈의 변화에 대해 연구했다. 또, 하버드 대학교의 A. 베어드 헤이스
팅스(A. Baird Hastings)는 칼로리를 적게 섭취한 쥐들의 근육에서 볼 수 있는
조직 화학적 변화를 관찰했는데, 이 연구는 칼로리를 적게 섭취한 쥐들의 근
육의 화학적 상태가 더 어린 쥐들의 그것과 유사하다는 결론으로 이끌었다.
같은 시기 조시아 메이시 주니어 재단(Josiah Macy, Jr. Foundation)으로부터 연
구비를 받은 코넬 의과 대학의 병리학자 존 색스턴(John Saxton)은 질병이 일
어나는 양태가 칼로리 섭취의 제한에 따라 어떻게 변하는지에 대해 연구했
다. 그는 자신의 연구 결과에 기반하여 종양을 포함한 각종 만성 질환의 빈
도가 칼로리 섭취 제한에 의해 많이 감소한다고 주장했다. 이것은 음식물 속
칼로리 양이 중노년층에 많은 영향을 주는 만성 질환의 발병에 분명히 관련
이 있음을 시사했다.

로버트 콜러, 캐런 레이더(Karen Rader), 안젤라 크리거(Angela Creager)와 같은 과학사 학자들은 맥케이 실험의 이러한 측면에 관련이 있는 중요한 문제를 연구해 왔다. (Kohler, 1994; Rader, 2004; Creager, 2001) 그들은 초파리, 쥐, 선충, 바이러스 등 실험 모델로 쓰이는 생명체가 연구자들 사이에서 퍼져 나가는 네트워크를 역사적으로 추적하여 과학자들의 커뮤니티의 속성과 그곳에서 생산되는 지식이 어떻게 나타나고 변화해 왔는지를 밝혀냈다. 그러나 나는 맥케이의 경우는 조금 다르다고 생각한다. 모건의 초파리나 리틀의 생쥐들과는 달리 맥케이의 쥐들은 유전적으로 표준화되지 않았으며 그들의 나이와 칼로리 섭취의 제한으로 인한 생식 기능의 문제 때문에 번식이 거의 불가능했기 때문이다. 그럼에도 불구하고 크리거의 정의를 따르면 맥케이의 쥐들은 모델 생명체(model organism)로 분류될 수 있는데, 이것은 그것들이 노화와 에너지 섭취에 대한 여러 가지 질문들이 정의되고 해결되는 '원형(prototype)'이었으며 지금까지 매우 잘 연구되어 왔기 때문에 더 나아간 연구에도 여전히 유용하게 쓰일 수 있다는 사실에 기인한다. 실제로 쥐들은 영양학 연구에 오랫동안 사용된 전통을 배경으로 맥케이에 의해 채택되어 칼로리 섭취와 수명에 대한 연구를 위해 쓰일 수 있었다. 이후 맥케이의 쥐들이 여러 연구자들에게 분배되면서 연구 과정에서 제기된 다양한 종류의 질문에 답을 제공하는 데 사용되었다. 이렇게 맥케이가 과학자들 사이에서 늙은 동물의 주된 공급자로 알려지면서 그의 쥐들은 노화, 수명, 음식 등의 주제를 다루는 유용한 실험 모델로서 분야와 기관의 경계를 뛰어넘을 수 있었다.

크리거가 언급한 모델 생명체로서의 또 하나의 특징도 맥케이의 쥐들에서 찾아볼 수 있다. 그녀가 언급했던 바대로 맥케이의 쥐들에서 얻어진 실험적 결론들은 인간과 다른 동물에서도 참일 것이라는 추측을 하게 만들었던 것이다. 실제로 맥케이의 논문들은 많은 과학자들에 의해 읽혔는데 이들은 그것을 토대로 자신들이 사용하던 생명체를 이용하여 각자 실험을 해 나갔다. 예를 들어 위스콘신 대학교에 있던 W. H. 리센(W. H. Risen)은 스프레이그-돌리(Sprague-Dawley) 쥐를 이용하여 수명과 종양의 발생과 호흡기 질환의 관계에 대해 연구했다. 그의 논문에서 그는 자신의 연구가 맥케이의 선구적인 실험에 영향을 받았음을 명백하게 인정했다. 시카고 대학교에 있던 안톤 카를손(Anton J. Carlson)과 프레더릭 휠젤(Frederick Hoelzel) 또한 위스타 연구소로부터 그들이 얻은 쥐를 연구하여 단식과 채식이 어떻게 수명에 영향을 미치는지 조사했고 자신들의 논문 첫 문단에서 맥케이의 실험이 자신들의 실험의 기초가 될 수 있었다는 것을 명시했다. 물벼룩과 생쥐, 원생동물을 사용하던 연구자들 중에도 맥케이의 논문을 읽고서 관련된 주제에 대해 연구를 시작한 사람들이 있다. 브라운 대학교의 하워드 던햄(Howard Dunham)과 그의 동료들은 물벼룩의 수명과 심장 박동이 사료를 적게 주는 것에 어떻게 영향을 받는지에 대해 연구했으며 같은 대학의 레스터 잉글(Lester Ingle)은 맥케이의 연구와 관련해서 자신의 연구가 어떤 의미가 있을지 글로 분명히 명시해 두었다.

이러한 과학자들 중 몇몇은 칼로리 섭취의 제한을 유전적으로 표준화된 생명체를 가지고 연구하기 시작했다. 1938년에 이미 하워드 던햄은 한 마리의 물벼룩으로부터 클론들을 얻어 칼로리 섭취의 제한에 대한 연구를 했고 미네소타 대학교의 모리스 비셔(Maurice Visscher)와 동료들은 C_3H라는 유전적으로 단일한 생쥐들을 가지고 칼로리 섭취와 암의 발생에 대해, 워싱턴 대학교의 마틴 실버버그(Martin Silberberg)와 루스 실버버그(Ruth Silberberg)는 C_{57} 생쥐를 이용하여 고칼로리 식단과 관절의 상태에 대해 실험을 수행했다.

이때까지도 맥케이는 여전히 유전적으로 표준화된 쥐를 사용하지 않았고 1960년대에 은퇴할 때까지도 그것들을 사용한 적이 있다는 증거는 없다. 아마도 그와 그의 동료들은 그러한 쥐를 사용하는 것이 특별히 중요하다고 생각하지 않은 것 같다. 그렇지만 맥케이가 이 문제에 대해 완전히 관심이 없었던 것은 아니다. 그는 1946년에 발표한 논문에서 같은 어미 쥐에게서 태어난 쥐들이 비교적 비슷한 수명을 보이는 것을 통해 유전적 요소가 수명 결정에 어느 정도 영향을 미친다는 것을 보였다. 그리고 1930년대 이후 그는 혈연 관계가 있는 쥐들을 다른 실험군에 배치하여 실험 결과에 대한 유전적 영향을 줄여 보려고 노력했다. 물론 이러한 정도의 행위가 유전이 수명에 미치는 영향을 감소시키는 것은 아니다. 그러나 이것은 맥케이가 이 문제에 쏟고 있는 관심의 정도를 보여 준다고 할 수 있다.

실제로 맥케이는 그의 동료에게 보낸 서신에서 자신이 유전학의 이론과 방법론에 대해 잘 모르고 있다는 것을 인정했다. 그러나 그는 유전적 요소가 수명에 미치는 영향을 무시한 것은 결코 아니며 수명에서 유전자가 차지하는 역할에 대한 연구를 통해 과학자들은 노화의 복잡한 문제들을 다룰 수 있을 것이라고 생각했다. 유전학적 접근법은 생리학적·심리학적·병리학적 접근법과 마찬가지로 매우 중요한 것이며 이 분야에 정통한 전문가들은 맥케이가 선도한 연구 주제에 뛰어들어서 기여해야 했다. 맥케이가 보기에 노화에 대한 연구는 다양한 전문가들의 참여를 필요로 했는데, 유전학자들의 기여도 중요했던 것이다.

맥케이 연구팀에 대한 록펠러 재단의 연구비 지원이 1941년에 연장된 것도 사실 맥케이가 이러한 다양한 전문가들의 참여를 중시했다는 것과 관련이 있다. 1940년 핸슨이 맥케이 연구 프로젝트에 대한 평가를 전문가들에게 의뢰했을 때 그들은 그의 연구가 의료, 공중 보건, 영양, 약학 등 다양한 분야에서 새로운 연구 주제를 낳았음을 언급했다. 안톤 카를손, 윌리엄 맥나이더, 로버트 코커 등이 쓴 이러한 긍정적인 서술들은 록펠러 재단의 회의 중에 언급되었으며 결국 재단은 1941년에 6만 달러에 해당하는 지원금을 1942년부터 추가로 제공하겠다는 결정을 내리게 되었다.

4. 노화학의 탄생과 맥케이의 역할

이 연구와 관련된 록펠러 재단의 공식 문서에서 메이너드의 이름이 사라진 것과 더불어 프로젝트의 이름이 영양학이 아닌 노화와 수명에 대한 연구로 변경되었다는 것은 매우 주목할 만하다. 이러한 변화는 앞에서 언급된 사람들 중 카를손, 맥나이더, 코커와 맥케이 등이 만들어 가고 있던 어떤 학술 커뮤니티와 관련이 있다. 그렇다면 그것은 과연 무엇일까?

이 질문은 미국에서 노화학이라는 분야가 다학제적 학문 분야로 발전하고 있었다는 사실과 깊은 관련이 있으며, 이것은 적어도 두 가지의 역사적 기원을 가지고 있다. 내가 다른 논문에서 언급한 것처럼 그중 하나는 대공황이다. 당시 노년층의 실제 사회 경제적 조건은 논쟁적인 주제이나 많은 미국인들은 중노년층이 대공황의 여파를 더 많이 받고 있다고 생각했다. 실직은 어느 연령대에 있는 사람들에게나 해당되는 것임에도 불구하고 당시의 미국인들은 노년층과 중년층이 점증하는 연령 차별로 인해 이 문제에 대 많은 영향을 받고 있다고 생각하고 있었고 이것에 대응하기 위해 사회 보장법(Social Security Act)을 1935년에 통과시켰다. 그러나 일군의 과학자들은 이러한 법적·금전적 방법이 한계를 가진다고 느끼고 있었으며, 이에 따라 노화학을 다학제적 분야로 만들게 되었다.

이 초창기 노화학자들은 대체로 생명 과학과 의학 분야에서 온 사람들이었지만 이들은 노화학을 더 넓은 다학제적 학문 분야로 정착시키려 노력했다. 그들에게 노화의 생물학적·의학적 측면은 물론 중요했지만 그 외에도 사회적·심리적 측면도 무시할 수 없었고 이 모든 것은 서로 연결된 문제들로 보였던 것이다. 이들 중 특히 에드먼드 빈센트 카우드리(Edmund Vincent Cowdry)는 시카고 대학교에서 공부하면서 생명 과학의 사회적 의미를 그의 스승이었던 찰스 헤릭(Charles J. Herrick)과 다른 학자들, 특히, 존 듀이(John Dewey)와 월터 캐넌(Walter B. Cannon) 등으로부터 받아들였고 이들의 가르침은 그가 나중에 노화학을 다학제적 분야로 만드는 데 있어 큰 역할을 했다. 노화학은 노화의 생물학적·의학적 문제 외에도 연금, 은퇴, 연령 차별, 노인 복지 등을 다룰 수 있어야 했고, 이 모든 문제들의 상호 관련성을 찾는 것이 노화라는 다면적 현상을 그 근본부터 다룰 수 있게 하는 길이었다.

노화학의 형성을 위한 카우드리의 시도는 그의 편집을 통해 1939년에 출판된 『노화의 문제들(*Problems of Ageing*)』이라는 책에서 잘 나타나 있다. 그때 그는 이미 의학과 생물학 분야의 다양한 책을 편집한 경험이 있었고 이 경험을 통해 학문적 배경과 방법론이 다른 여러 명의 저자들로 하여금 어느 정도 일관성이 있는 장들을 써 내게 하는 방법을 익히게 되었다. 이러한 경험을 바탕으로 그는 노화에 대한 책을 출판하게 되었고 그가 전에 그러했던 것처럼 각 문제에 대해 최고의 학자들만을 초청하여 필진을 구성한 후 필자들 사이의 의견을 조율하는 작업을 하게 된다. 이 작업은 주로 편집 과정을 통해서 이루어지다가 매사추세츠 주 우즈 홀(Woods Hole)에서 필진이 모두 모여 회의를 한 것으로 절정을 이루게 되었다. 이것은 사실상 노화학자들의 첫 번째 모임이었으며 그곳에서 그들은 책의 편집뿐 아니라 노화의 다양한 과학적 문제에 대해서도 깊이 있는 토의를 했다. 이후 이 학자들은 노화 연구 클럽과 노화학회(Gerontological Society) 등을 형성하면서 미국에서 노화학이 첫발을 내딛는 데에 주요한 역할을 하게 된다.

이때 맥케이도 카우드리의 초청으로 『노화의 문제들』의 필진으로 참여하게 되었다. 당시 맥케이는 칼로리 감축에 대한 몇 편의 논문으로 주목을 받고 있었고 카우드리는 바로 이 점 때문에 맥케이를 초청한 것으로 보이는데, 그 후 맥케이는 우즈 홀에서의 필진 모임은 물론이거니와 노화 연구 클럽과 노화학회의 창립 회원으로 활동하여 노화학 초창기에 학회의 중요한 구성원으로 떠오르게 된다. 그는 또 NIH 안에 만들어진 외부 노화학 프로젝트를 심사하는 기관인 '노화학 연구 분과'의 일원으로 활동했고 1946년에 창간된 최초의 노화학 관련 학술지인 《노화학 저널(*Journal of Gerontology*)》에

그림 2 오른쪽 쥐에 비해 왼쪽 쥐가 더 많은 칼로리를 섭취했으며 동일한 연령임에도 불구하고 훨씬 더 늙어 보인다. C. M. McCay, "Chemical Aspects of Ageing," in *Problems of Ageing: Biological and Medical Aspects*, ed. E. V. Cowdry. Baltimore: Williams and Wilkins, 1939의 578쪽에서 인용.

많은 논문을 기고했으며 1949년에는 노화학회 회장을 역임하게 된다.

맥케이의 연구가 새로운 노화의 과학에 잘 융합될 수 있었던 하나의 이유는 그의 연구가 노화의 실험적 조절에 대해 가지는 함의였다. 예컨대 카우드리가 편집한 『노화의 문제들』에 실린 그의 장에는 두 마리 쥐의 사진이 들어가 있는데 한 마리는 칼로리를 마음껏 섭취한 쥐이고 다른 하나는 실험적으로 칼로리 섭취의 제한을 받은 쥐이다. (**그림 2** 참조) 이 두 쥐의 차이는 1934년에 출판한 논문에 실린 사진 속의 쥐들 간의 차이보다 더 명확했다. 물론 1934년 논문에 실린 사진이 그러했던 것처럼 이번에도 사진은 그 자체로 보여 주는 것보다 보여 주지 않는 것이 더 많았다. 그러나 명확했던 것은 이 사진이 실험적인 방식으로 노화 현상이 조절 가능하다는 것을 보여 주었다는 점이다. 사진 속에서 칼로리를 많이 섭취하여 늙어 버린 것처럼 보인 쥐 한 마리와 칼로리 제한을 받아 아직까지 젊은 외모를 보이고 있는 듯한 다른 한 마리의 쥐는 매우 극명한 대조를 이루었다. 맥케이는 영양학자들의 시각적 기술을 성공적으로 이어받아 그것을 지면에 나타낼 수 있었고, 많은 이들을 이것으로 설득할 수 있었다.

맥케이의 쥐들은 노화학자들이 연구하고 있던 각각의 다른 조직에서 다른 속도와 양상으로 일어나는 노화 현상을 보여 준다는 점에서도 노화학의 주된 흐름과 맞아 떨어졌다. 앞서 언급되었던 것처럼 맥케이와 그의 동료들은 신체 각 부분의 칼슘 함유량이 노화와 칼로리 감축에 맞추어 어떻게 변화하는지 관찰했고 이것을 통해 노화가 일어나는 방식과 형태가 각 조직마다 다르다는 것을 보여 주었다. 이것은 당시의 다른 노화학자들의 연구 방향과 같았으며 맥케이의 연구가 호의적으로 받아들여지게 된 또 하나의 이유라 할 수 있다. 실제로 맥케이를 위시한 노화학 연구 클럽의 주된 회원들, 특히 카우드리, 헤이스팅스, 캐넌, E. J. 스티글리츠, 진 올리버(Jean Oliver) 등은 1941년에 칼로리 감축이 노화에 미치는 영향에 대한 연구가 "즉각적인 주목"을 받아야 한다고 선언했다. 이 노화학자들에게 맥케이는 실제로 가능한 연구 주제 중심의 구체적 프로젝트를 만들어 낸 사람이었다. 그것은 분야를 가로지르는 협동적 연구를 가능하게 하는 노화학의 모범적 연구 사례였다.

그 연구 프로그램의 현재 상태와 미래의 전망은 1941년 11월에 코넬 대학교에서 열린 '노화하는 인구를 위한 영양 문제에 대한 토론회(Conference on Nutritional Requirements for the Ageing Population)'에서 매우 잘 제시되었다. 이 토론회에 참가한 이들 대부분은 노화 연구 클럽 회원이었으며 맥케이의 연구에 대해 깊은 관심을 가지고 있었다. 이때 생리학, 병리학, 물리학, 사회 과학, 임상 의학, 축산학을 아우르는 참가자들의 다양한 연구 경력과 학문적 배경은 노화학이라는 새로운 분야의 성격을 잘 보여 주고 있었다.

이 토론회에서 특이한 점은 칼로리를 적게 섭취한 맥케이의 쥐가 보여 주었던 여러 가지 생리적 문제점들이 여기서는 여러 연구자들의 흥미를 자극하는 연구 주제로 받아들여졌다는 것이다. 예컨대 그 쥐들의 칼슘이 많이 빠져나간 뼈는 칼슘 함량과 노화, 영양의 관계에 대한 토론을 이끌어냈으며 생식 세포와 주기의 문제 역시 여러 연구자들로 하여금 다양한 접근 방법을 생각해 보게 했다. 실제로 이러한 문제들 때문에 칼로리를 감축하는 것이 인간에게 시행되기는 어렵다고 많은 사람들이 생각했지만 이 주제 역시 토론 중에 다시 한번 부각되었다. 이때는 마침 사회 보장법이 시행된 후 얼마 지나지 않아 강제적인 은퇴가 제도화되고 있었는데 맥케이의 연구는 적절하게 영양 섭취를 조절하면 65세가 넘어도 은퇴하지 않고 건강과 젊음을 유지하면서 일을 계속할 수 있게 만들 수 있는 하나의 방법으로 고려될 수 있었다. 그리고 영양 공급에 따라 몸의 실제 나이가 생물학적 나이와 달라질 수 있다는 점에 기반하여 몇몇 참가자들은 이 둘의 차이를 이용하여 고용과 은퇴에 관한 정책을 만드는 데에 이용할 수 있다고 주장했다. 이때 토론에 참가하고 있던 네이선 쇽(Nathan W. Shock)이 훗날 NIH에서 생리적 자극에 대한 반응, 맥박, 저하된 산소 농도에 대한 적응 등의 측정에 기초하여 실제 연령과 생리적 연령의 차이를 연구했다는 점은 NIH 내의 노화학 발전에 매우 중요한 부분이라고 할 수 있다.

이 학회에는 심리학자들이 참가하고 있지 않았지만 심리학적 문제도 중요한 문제로 논의되었다. 참가자들에 따르면 음식을 섭취하는 것은 생물학적인 동시에 사회 과학적·심리학적 문제이며 이 역시 더 자세히 연구되어야 했다. 맥케이는 이 학회가 끝난 후 콜로라도 대학교에 있는 사람들과 코넬 대학교 심리학과에 있는 학자들과 협동하여 칼로리를 적게 먹은 쥐의 행동과 지능에 대해 연구를 했고 1950년대에는 NIH로부터 이 연구에 관련된 연구비를 받아올 수 있었다.

5. 결론

맥케이의 연구는 노화학이 다학제적 융합 학문으로 성장하는 데에 기여했는데, 이는 2001년에 《노화학 저널》에 발표된 한 논문을 통해서도 잘 볼 수 있다. 이 논문의 저자들은 칼로리 감축과 수명, 노화에 대한 연구가 "역학, 임상 실험, 영양, 대사, 내분비학, 신경 내분비학, 유전학, 약학, 행동 의학"

등 다양한 분야의 전문가들이 참여하는 융합 분야로 성장했음을 강조했다. (Hadley et al., 2001)

어떤 의미에서 노화학은 여성학, 인지 과학 등의 융합 학문 분야와 매우 비슷한 성격을 가지고 있다고 할 수 있다. 표준화된 정통 교과서, 누구나 다 이수해야 하는 확립된 커리큘럼, 모두가 공유하는 전문 용어 등과 같은 것이 이 분야들에는 완전한 형태로 존재하기 힘든 것처럼 노화학도 하나의 전문 분야(discipline)로 정착되지는 않았다. 이것은 노화학이 물리학이나 생물학 같은 정립된 과학 분야와 어떻게 다른지 보여 준다. 그러나 몇몇 역사가들이 지적했던 것처럼 물리학과 생물학도 겉으로 보이는 것만큼 단일하게 잘 정립된 분야가 아니며 서로 다른 여러 가지 전통들과 제도적 규범들과 접근법들로 이루어져 있다. 아마도 과학이라는 것은 그 성격상 단일한 분야가 되기 어려운 것인 듯하다.

노화학의 성장은 이러한 문제에도 불구하고 학자들 간의 소통과 협력이 어떻게 일어나는지에 대한 하나의 사례를 보여 주었다고 할 수 있다. 분야 내부의 소통 규범과 실천, 학생 훈련 과정들이 단일화되어 있지 않아도 학자들은 제도적·개념적·담론적·실천적 매체를 통해 서로 의견을 나누고 분야를 발전시킬 수 있는데, 맥케이의 사례는 우리로 하여금 이런 매체의 기능과 그 발달 과정을 이해하게 해 줄 수 있으며, 어느 정도 느슨한 형태의 협동 연구라고 알려져 있는 다학제적 연구가 어떻게 가능하고 이것을 위해 앞으로 전략을 어떻게 세워야 하는지에 대해서도 참고 자료가 될 수 있을 것이다.

박형욱(울산 과학 기술 대학교(UNIST) 기초 과정부 교수)

4장 미국 학제간 연구 제도의 역사적 기원

I. 머리말

최근 한국 사회에서는 '지식 융합(knowledge convergence)'이라는 담론이 대유행이다. 이는 1990년대 말 이후 지속적으로 제기된 '잡종'이라든지 '통섭(統攝)' 등에 대한 논의의 연장선상에 놓인 현상으로 보인다. (홍성욱, 2003; Wilson, 1998; 최재천·주일우, 2007) 한국적 '융합'의 특징은 (물리학과 재료 공학, 인류학과 사회학 등과 같이) 비교적 가까운 분야들 사이의 협업을 시도할 뿐만 아니라 기술과 인문학, 과학과 예술, 의학과 법률 등 학문적 친화성이 상대적으로 적은 분야들을 섞어 보려는 시도를 한다는 데 있다. 2011년 가을에 발간된 애플의 최고 경영자 스티브 잡스(Steve Jobs)의 전기가 한국에서 불티나게 팔려 나간 것은 이러한 사회적 분위기를 반영하는 것이라고 할 수 있다. (Isaacson, 2011) 잡스는 첨단 기술과 인문학의 교차점에서 소비자의 마음을 사로잡는 제품을 만들어 내는 능력을 갖춘 융합의 화신(化身)으로 등극했다.

한국 사회의 잡스에 대한 관심은 그의 전기가 출간되기 이전부터 퍼져 있었다. 예를 들어, 2011년 초에 개설한 연세 대학교 송도 국제 캠퍼스의 미래 융합 기술 연구소는 지식경제부 ‘IT 명품 인재 양성 사업’의 주관 기관으로 선정되어 “스티브 잡스 같은 창의 융합형 인재를 양성”하겠다는 계획을 밝혔다. (《디지털타임스》, 2011년 3월 23일) 융합형 인재에 대한 관심은 고등 교육에서만 나타나는 현상이 아니다. 2011년 9월에는 초등학교 저학년들을 대상으로 예술을 활용한 책읽기 교육 프로그램이 개설되었는데, 그 담당자는 이것을 통해 “우리나라에도 스티브 잡스 같은 창의적 인재가 나오지 않겠느냐.”라는 희망을 내비쳤다. (《아시아경제》, 2011년 9월 14일) 즉 스티브 잡스에 대한, 그리고 지식 융합에 대한 한국인들의 관심은 추격자 전략의 한계를 넘어 (정부의 수사를 빌리자면) 한국 경제의 “신성장 동력”을 모색하기 위한 노력의 일환이라고 볼 수 있다. 모방에서 창의적 혁신으로의 이행이라는 질문에 대해 지식 융합이 유용한 해답으로 등장한 것이다.

지식 융합을 넓은 의미에서 학제간(學制間, interdisciplinary) 연구의 일종으로 생각해 본다면 현재 한국 사회의 융합 담론은 그중에서도 **대화적(conversational)** 학제간 연구에 가깝다고 할 수 있다. 대화적 학제간 연구란 일단 여러 분야의 전문가들을 모아 두거나, 한 사람에게 동시에 여러 분야의 교육을 시키면 무언가 새롭고 창의적인 지식이나 결과를 도출해 낼 수 있으리라고 기대하는 방식이다. 이것은 해결해야 할 특정한 문제를 상정하고, 그 문제를 해결하기 위해 다양한 분과 학문들 간의 협력을 추구하는 **문제 중심적(problem-based)** 학제간 연구에 대별되는 개념이다.

이러한 두 가지 학제간 연구 방식 중 어느 한 편이 근본적인 우위를 가질 수는 없지만 역사적인 경험으로 보았을 때 문제 중심적 방식이 시기적으로 선행하는 경향이 있을 것이다. 이것은 문제 중심적 학제간 연구를 통해 학제간 연구 제도 및 기관이 정립되고, 그 틀 안에서 보다 실험적이고 ‘대화적’인 학제간 연구가 이루어질 개연성이 높기 때문이다. 이러한 관점에서 이 글에서는 미국의 사례를 중심으로 학제간 과학 기술 연구 제도가 어떻게 형성되었는지를 살펴볼 것이다. 이것을 통해 학제간 연구의 역사적 기원을 되짚어 보고 그 개념이 냉전 군사 및 우주 경쟁이라는 특정한 맥락 속에서 형성되었음을 보일 것이다. 이후 시대적 변화에 따라 미국 사회에서 시급하게 해결되어야 할 주요 문제들이 바뀌었지만 대학에서의 학제간 연구라는 제도는 진화와 적응의 과정을 거쳐 현재 미국 과학 기술 정책에 있어서 빠질 수 없는 하나의 축으로 자리 잡게 되었다. 마지막으로 맺음말에서는 20세기 후반 미국의 사례를 바탕으로 21세기 초 한국 사회의 융합 담론에 대한 비판적 고찰과 함께 시사점을 도출해 볼 것이다.

2. 미국의 국가 나노 기술 계획

2011년 현재 대표적인 학제간 연구 분야는 21세기 들어 본격화된 나노 기술(NT)이라고 보는 사람들이 많을 것이다. 2000년 1월 21일, 미국 대통령 빌 클린턴은 국가 나노 기술 계획(National Nanotechnology Initiative, NNI)을 발표했다. 이 계획의 목적은 미국 연방 정부의 나노 기술 연구 개발 활동 및 연구 개발비의 배정 과정을 조정함으로써 이 분야에서 미국의 국가 경쟁력을 높이려는 데 있었다. NNI의 총괄적인 조정 역할은 백악관 직속 국가 과학 기술 위원회(National Science and Technology Council)에서 맡도록 되어 되었고, 실제 예산의 집행은 연방 정부의 각 부처 및 기구 들을 통해 이루어지게 되어 있었다. 계획이 발표된 이후 약 10년 동안 미국 연방 정부는 매년 평균 20억 달러 이상의 예산을 나노 기술 관련 사업에 투입해 왔다. 이중에서 가장 많은 예산을 집행하는 기관은 에너지부(DOE), 국방부(DOD), 보건복지부/국립 보건원(HHS/NIH), 국립 과학 재단(NSF) 등인데, 이들은 각각 약 매년 3억~4억 달러씩을 집행해 왔다. 다만, 2012년 예산에서 특기할 만한 사항은 에너지부의 NNI 관련 예산이 6억 달러 이상으로 상향 조정되어 있는데, 이것은 원유 가격 파동 및 금융 위기 이후 오바마 행정부가 재생 에너지 관련 연구에 투자를 증대하려는 전략을 반영하는 것이라고 볼 수 있다.*

NNI로부터 대규모 예산이 투입되면서 미국 대학의 물리 과학 및 관련 엔지니어링 연구는 새로운 활력을 띠게 되었다. NNI에 참여하는 여러 연방 정부의 기구들 중 NSF는 2003년부터 나노 기술 육성책의 일환으로 연구 중심 대학들을 위주로 나노스케일 과학 및 엔지니어링 센터(Nanoscale Science and Engineering Center, NSEC)를 설립하는 사업을 시작했다. 사업이 시작된 이래 2006년까지 NSF는 전국 15개 대학에 각각 연간 1000만 달러 전후의 예산을 투입해 나노 기술의 다양한 분야에서 연구 활동을 수행할 수 있는 NSEC들을 설립했다. (표1 참조) 제도적인 차원에서 보았을 때, NSEC들은 몇 가지 공통적인 특징을 가지고 있다. 첫째, 이들은 대학에서 전통적으로 찾아볼 수 있는 학과 중심의 조직 형태에서 벗어나 제도적으로 학제간적 연구를 추구하는 연구 집단으로 설립되었다. 둘째, 이들은 '센터 모형(center model)'이라는 제도를 채택함으로써 연구비 지원에 있어서 연속성과 안정성을 보장했다. 셋째, 각 센터에 참여하는 개별 교수진을 선발하는 권한을 대학에 일임해 유연한 조직 운영을 할 수 있도록 했다.** 즉 21세기 초 미국 대학 내 나노 기술 연구 활동의 특징으로는 학제성, 안정성, 유연성을 들 수 있다.

이와 같은 학제간성을 중심으로 한 유연한 연구비 지원 방식은 나노 기술에서만, 또는 미국에서만 나타나는 현상이 아니다. 생명 공학, 환경 공학, 인지 과학, 에너지 관련 연구 등 최근 사회적 주목을 받고 있는 과학 기술 분야들은 대개 학제간 연구를 강조하고 있음을 쉽게 확인할 수 있다. 이와 같은 흐름은 연구비를 지원하는 기관들의 요구에 따른 것이라고도 볼 수도 있다.

* 미국 국가 나노 기술 계획의 개괄적인 운영 방식 및 예산은 공식 홈페이지에서 확인할 수 있다. http://www.nano.gov/.
** 현재의 '센터 모형'에 대한 간략한 설명은 Dragana Brzakovic, "NSF Centers: Platforms for Innovation," n.d., available online at http://nsf.gov/odoia (accessed 4 December 2011)을 참조하라.

표 1 각 대학에 설립된 나노스케일 과학 및 엔지니어링 센터(NSEC)

대학	센터명
메사추세츠 대학교 애머스트 캠퍼스	Center for Hierarchical Manufacturing
코넬 대학교	Center for Nanoscale Systems
하버드 대학교	Science of Nanoscale Systems and their Device Applications
라이스 대학교	Center for Biological and Environmental Nanotechnology
노스웨스턴 대학교	Center for Integrated Nanopatterning and Detection Technologies
컬럼비아 대학교	Center for Elecron Transport in Molecular Nanostructures
렌셀레어 폴리테크닉 대학교	Center for Directed Assembly of Nanostructures
캘리포니아 대학교 로스엔젤리스 캠퍼스	Center for Scalable and Integrated Nanomanufacturing
일리노이 대학교 어바나샘페인 캠퍼스	Center for Chemical–Electrical–Mechanical Manufacturing Systems
위스콘신 대학교	Center on Templated Synthesis and Assembly at the Nanoscale
스탠퍼드 대학교	Center for Probing the Nanoscale
오하이오 주립 대학교	Center for Affordable Nanoengineering of Polymeric Biomedical Devices
캘리포니아 대학교 버클리 캠퍼스	Center for Integrated Nanomechanical Systems
펜실베이니아 대학교	Nano–Bio Interface Center
노스이스턴 대학교	Center for High Rate Nanomanufacturing

미국 학술원의 보고서에 따르면 최근 미국 연방 정부의 기관들은 학제간적 요소를 우수한 연구 제안서의 필수적인 부분으로 여기는 경향을 보이고 있다. (National Academies, 2005) 더구나 몇몇 과학 기술계 지도자들은 향후 20여 년 이내에 나노 기술, 생명 공학, 정보 기술, 인지 과학 등이 합쳐진 'NBIC 융합(nano-bio-info-cogno convergence)'의 시대가 올 것이라고 예측하기도 한다. (Roco and Bainbridge, 2002) 이처럼 학제간적 연구 방식은 현대 과학 기술 활동에 있어서 당연히 장려되어야 할 제도로 널리 받아들여지고 있다.*

최근 한국의 과학 기술 연구 방식 역시 이와 같은 세계적 흐름의 연장선상에 있다. 예를 들어, 2001년 7월 발표된 '나노 기술 종합 발전 계획'에 따르면 한국의 나노 기술 공동체는 기초 연구 및 기술 개발 과정에서 기존 학문 분과들 사이의 효과적 협동을 강조하고 있다. 나아가 '21세기 프론티어 연구 개발 사업단'과 같은 대규모 연구 사업단을 통해 학제간 연구를 효과적으로 수행할 수 있는 제도적 장치를 마련하는 한편, 대학과 정부 출연 연구소, 산업체의 연구자들 사이의 협동 연구를 장려하고 있다.** 그러나 한국에서 학제간 연구, 또는 학문 융합이 무엇인지에 대한 명확하게 정의해 보려는 시도는 논의의 대중성에 비해 일천한 것으로 보인다. 혼재된 담론들을 정리하기 위해서는 학제간 연구의 필요성을 인식하게 된 역사적 배경부터 살펴볼 필요가 있다.

---

* 사회학자 마이클 기번스(Michael Gibbons)와 그의 동료들은 이를 과학 지식 생산의 "모드 2(Mode 2)"라고 개념화하기도 했다. 기번스에 따르면 모드 2의 기본 특징은 사회적 맥락이 과학 활동의 방향을 결정짓고, 문제 해결을 최우선 과제로 삼으며, 학제간 연구가 활성화된다는 것이다. (Gibbons, et al, 1994)

** '나노 기술 종합 발전 계획'(2001년 7월 발표). 한국에서는 이무렵 나노 기술 진흥의 일환으로 테라급 나노 소자, 나노 소재, 나노메카트로닉스 등 3개의 프론티어 사업단이 구성되어 10년 동안 운영되었다.

3. 학제간 연구의 기원

　　상이한 학문 분과의 훈련을 받은 전문가들이 공통의 목표를 위해 협동 연구를 하는 것(다시 말하면 학제간 연구)이 필요하다는 인식이 생겨나기 위해서는 당연하게도 잘 구획된 학문 분과의 성립이 선행되어야 한다. 서구 과학의 역사에서 각 분야들이 분업화·전문화 과정을 거친 것은 19세기 초의 일이었다. 이 과정은 직업으로서의 과학자 집단이 성립되는 역사적 맥락과 그 궤를 같이 한다. 근대 초기 유럽을 연구하는 과학사 학자들이 잘 보여 주었듯이, 17세기 후반까지만 해도 과학 활동은 커피하우스에서 논쟁을 즐기는 아마추어 자연 철학자들이나 왕립 협회를 중심으로 한 신사(gentlemen) 계층의 전유물이었다. (Shapin and Schaffer, 1985) 과학 활동은 18세기를 거치면서 분업화 과정을 거쳐 전문적인 직업으로 탈바꿈했다. 19세기 초가 되면 영국 과학 진흥 협회(British Association for the Advancement of Science)의 공동 창립자인 윌리엄 휴얼(William Whewell)이 '과학자(scientist)'라는 용어를 새로 유행시킬 정도로 전문화가 진척되었다. 이에 휴얼은 1883년에 당시의 과학 활동이 "점점 더 강해지는 분리와 분해의 경향"을 보이고 있다는 우려를 표하기도 했다. (Ross, 1962)

　　이렇게 분리된 과학의 분과 학문들은 대학이라는 제도적 환경 속에서 더욱 공고해지는 과정을 거쳤다. 특히 미국에서 19세기 후반부터 설립되기 시작한 연구 대학(research university)들은 이러한 경향이 두드러지는 모습을 보였다. 교육사를 연구하는 역사학자 버튼 클러크(Burton R. Clark)는 20세기 미국의 연구 대학들이 "대학원 학과 대학(graduate department university)"이라는 특징을 가지고 있다고 설명한다. (Clark, 1995: 155) 이것은 독일의 '연구소 대학(institute university)'이나 영국의 '학부 대학(collegiate university)'과는 구별되는 형태로, 개별 학과를 기본 단위로 하는 수직적 구조를 지칭하는 것이었다. 학과들은 학부 과정의 기초 교육에서부터 박사 과정의 새로운 지식을 생산하는 방식에 대한 교육까지 대학 커리큘럼의 전 과정을 책임지는 기구로 대학으로부터 교원 인사 등에 있어 상당한 정도의 독립성을 부여받았다. 과학 분과의 세분화는 19세기 이래 일반적인 현상이었지만, 미국의 연구 대학이라는 제도적 환경 속에서 더욱 강고하게 자리를 잡게 되었다.

학문 분과들의 '분리와 분해의 경향'에 대한 반발은 제2차 세계 대전 이전부터 나타나기 시작했다. 여기에는 양차 대전 사이의 전간기(戰間期)에 미국 과학의 후원자 역할을 했던 사립 재단들이 중요한 견인차가 되었다. 예를 들어, 1930년대에 록펠러 재단의 자연 과학 분과장이었던 워런 위버는 분자 생물학과 유전학을 지원하는 프로그램을 강력하게 지원해 이 분야들에 있어서 학제간 연구가 활성화되는 데 기여했다. (Kohler, 1991) 한편, 대학이라는 제도적 틀 내에서만 이루어진 것은 아니지만 제2차 세계 대전 기간 중 여러 신무기를 개발하기 위한 프로젝트를 수행했던 경험은 학제간 연구의 위력을 여실히 보여 주었다. 특히, 원자 폭탄을 개발하기 위한 맨해튼 프로젝트는 물리학, 화학, 금속학, 화학 공학 등 여러 분야의 과학자들과 엔지니어들의 협동 작업을 통해 3년이라는 비교적 짧은 기간에 놀라운 성과를 낼 수 있었다. (Rhodes, 1995) 이렇듯 20세기 전반부터 새로운 분야의 생성이나 긴급한 문제 해결을 위해 '학과 대학'이라는 틀을 벗어나 학제간 협동을 강조하는 경우가 나타나기 시작했으며, 그러한 경험들은 20세기 후반의 과학 기술 연구 제도를 만들어 나가는 데 있어서 중요한 자원이 되었다.

학제간 연구 제도의 또 다른 기원은 1950년대 기업 연구소들이었다. 20세기 초부터 생겨나기 시작한 미국의 기업 연구소들은 1950년대 무렵이 되면 광범위하게 퍼져 대다수의 기업에서 도입한 지경에 이르렀다. (Reich, 1985; Wise, 1985; Dennis, 1987) 특히 제2차 세계 대전 이후, 기초 과학에 대한 투자가 궁극적으로 새로운 기술의 개발과 경제 발전으로 이어진다는 이른바 '혁신의 선형 모형(linear model of innovation)'이 널리 받아들여지면서 기업 연구는 황금기를 맞게 되었다. (Hounshell, 2001) 물론 대학이라는 제도적 틀에 얽매일 필요가 없는 기업 연구소에서 학제간적 방식으로 연구를 수행한다는 것은 당연한 것이었을지도 모른다. 하지만 실제로 벨 전화 연구소(Bell Telephone Laboratories)와 같이 기초 과학 연구를 강조하던 기업 연구소들에서는 물리부, 화학부, 금속부 등 대학의 전공 분야에 따라 조직이 구성되어 있었기 때문에 부서들 사이의 학제간 협력이 중요한 문제로 대두되었다.* 1950년대 벨 연구소의 화학부 부장이었던 브루스 하네이(N. Bruce Hannay)는 이 문제의 해결을 위해 연락관(liaison) 제도를 두는 등 협력을 장려하기 위해 노력했다.**

즉 학제간 연구는 19세기 이후 대학에서 과학 기술 학문 분과의 세분화가 이루어지면서 그것에 대한 반동으로 나타났다. 20세기를 거치면서 분자 생물학이나 유전학과 같은 새로운 학제간 분야들이 생겨나거나, 원자 폭탄 개발과 같이 긴급한 국가적 위기 상황에서 기존 분과 학문의 틀 속에서는 해결하기 어려운 문제들이 나타났고, 이 문제에 대한 대응책으로 학제간 연구가 호명되었던 것이다. 미국 대학의 독립적 '학과 대학'에서 훈련을 받은 졸업생들이 진출했던 기업 연구소들 역시 기존 학제의 영향권에서 벗어날 수 없었고, 그로부터 생겨나는 문제들을 해결하기 위한 방책으로 학제간 협동을 장려하는 여러 제도들을 시행하게 되었다. 학과 제도의 장벽을 넘어서기 위한 대학, 정부, 기업에서의 경험들은 20세기 후반 학제간 연구의 제도화를 위한 기틀이 되었다. 하지만 학제간 연구 제도가 미국 연구 대학에 본격적으로 자리 잡기 위해서는 커다란 외부적 충격이 필요했다.

---

* 그래서 기업 연구소를 "유배 대학(university in exile)"이라고 부르는 학자들도 있었다. 기업 연구소에 대한 전통적인 역사 서술 방식에 대한 분석으로는 Wise (1980)가 유용하다.

** 물론 이윤을 추구하는 기업이 대학보다는 훨씬 학제간 연구를 수행하기 적합한 환경을 제공했다고 볼 수 있다. 벨 연구소에서의 학제간 연구 전통에 대해서는 Hannay (1995)를 보라.

4. '재료 병목 현상'과 학제간 연구의 제도적 기원

대학의 제도적 변화를 야기할 만한 외부적 충격은 1950년대 미국과 (구)소련 사이의 냉전 군비 경쟁에서 비롯되었다. 1957년 10월 4일, 소련은 세계 최초의 인공 위성 스푸트니크 1호를 지구 궤도에 올리는 데 성공했다. 이것은 미국인들에게 커다란 충격을 주었다. 기술적으로 낙후되었다고 생각했던 (구)소련이 미국을 앞질러 우주로 진출했기 때문이었다. 미국의 정책 결정자들은 이것이 기초 연구의 부족 및 과학 및 공학 교육의 실패라고 진단했다. 미국 국방부는 새로운 무기 체계 개발을 위한 중장기적 연구를 지원하기 위해 1958년 고등 연구 계획국(Advanced Research Projects Agency, ARPA)을 설립해 대학의 기초 과학 연구자들에 대한 지원을 강화했다.

(구)소련과의 우주 경쟁을 수행함에 있어 가장 큰 걸림돌이 되었던 분야는 재료 과학이었다. 제2차 세계 대전 이후 미국의 과학자들은 기존 재료의 특성을 넘어서는 우수한 재료를 개발하는 데 어려움을 겪고 있었다. 고온 특성이 좋은 경량 소재의 부재는 당시 등장하기 시작한 제트 비행기, 장거리 탄도탄, 인공 위성 등 새로운 기술 시스템들이 발전해 나가는 것을 방해하는 '역돌출(reverse salient)'로 작용했다. 기술사 학자 토머스 휴즈(Thomas P. Hughes)는 기술 시스템의 개별 요소들 간의 불균등한 발전으로 인해 역돌출이 생기며, 이것은 기술 시스템의 기능을 전반적으로 저하하는 경향이 있기 때문에 엔지니어들은 역돌출을 제거하기 위해 자원을 집중하게 된다고 설명한다. (Hughes, 1983: 14) 재료 과학은 1950년대 냉전 기술 시스템의 역돌출이었으며, 이 문제를 인식한 미국의 과학 정책 결정자들은 재료 연구에 있어서 지식과 인력의 부족을 이야기하면서 '재료 병목 현상(materials bottleneck)'이라는 말을 널리 사용하기 시작했다.

재료 병목 현상이라는 담론은 당시의 재료 연구 방식에 대한 비판적 인식에 기인하고 있었다. 제2차 세계 대전을 전후로 과학, 특히 물리학은 눈

부신 발전을 거듭했지만, 새로운 재료를 개발하는 과정은 여전히 시행착오를 통한 경험적 방식을 고수하고 있었다. 1956년 MIT의 전기 공학 교수이자 절연체 연구소(Laboratory for Insulation Research)의 소장이었던 아서 폰 히펠(Arthur R. von Hippel)은 기존의 신소재 개발 방식을 "현상학적(phenomenological) 접근"이라고 강하게 비판하면서 이것을 넘어서기 위해 "분자 공학(molecular engineering)"이라는 새로운 접근 방법을 채택해야 할 것이라고 주장했다. 폰 히펠에 따르면 분자 공학이란 20세기 전반의 과학적 성과들을 이용해 "목적에 따라 원자와 분자를 조작해 새로운 성능을 가진 재료를 만들어 내는" 방법이다. 그는 신소재 개발을 서양 장기에 비유하며 "기본적인 입자들을 가지고 주어진 규칙(과학적 원리)에 따라 원하는 재료 특성이 나올 수 있도록 장기를 둘 수 있을 것"이라고 주장했다. (von Hippel, 1956) 폰 히펠의 주장은 전통적 방식의 엔지니어링을 '과학화(scientize)'해야 한다는 당시 미국 과학 기술계의 분위기를 반영한 것이라고 볼 수 있다.*

재료 병목 현상을 해결하기 위한 보다 현실적인 방안은 고체 물리학자 프레드릭 자이츠(Fredrick Seitz)에게서 나왔다. 자이츠는 전기 공학자인 폰 히펠과 달리 과학자였지만, 오히려 과학적 방법론의 한계에 대해 인정하는 입장이었다. 그는 "현재의 이론적 분석 방식은 가장 단순한 재료의 특성을 이해하는 데에도 수많은 한계가 있을 정도로 투박하다."라며 "앞으로도 시행착오를 통한 재료 연구는 계속될 것"이라고 예측했다. 자이츠는 이러한 조건에서 재료 병목 현상을 해결하려면 "여러 부류의 과학자들과 엔지니어들의 공생적 활동(symbiotic activity)"이 필요하다고 주장했다. (Seitz, 1961) 과학자들과 엔지니어들 사이의 학제간적 연구라는 자이츠의 비전은 스푸트니크 발사 직후 현실화되었다. (구)소련의 인공 위성이 궤도에 오르고 몇 달 지나지 않은 1958년 1월에 이미 미국 국방부와 원자력 위원회에서는 새로운 재료

---

* 폰 히펠의 업적 및 '분자 공학' 프로그램에 대해서는 Choi and Mody (2009)를 참조하라.

연구 프로그램에 대한 논의를 시작했다. 이듬해에는 ARPA에서 '학제간 연구소(Inter-Disciplinary Laboratories, IDL)' 프로그램이라는 제목으로 주요 연구 대학으로부터 제안서를 받기 시작했다. 이 프로그램은 이름 그대로 물리학, 화학, 금속학 등 다양한 과학 및 공학 분야들의 협업을 강조한다는 목표를 반영하는 것이었다.

즉 미국 연구 대학들에서 학제간 연구 제도의 본격적인 추진은 1950년대 말 냉전 경쟁의 분위기 속에서 새로운 무기 체계를 위한 신소재 개발을 목적으로 한 것이었다. 1960년 7월에 코넬 대학교, 펜실베이니아 대학교, 그리고 노스웨스턴 대학교 등 세 곳이 IDL 프로그램의 첫 수혜 대학들로 선발되었다. 그리고 이듬해인 1961년에 MIT, 스탠퍼드 대학교 등 6개 대학을 선발한 이후, 1963년까지 총 12개 대학이 ARPA의 재정 지원을 받아 학제간적 재료 연구소를 설립했다. ARPA-IDL 재료 연구소들은 4년간 지원이 보장되어 안정적인 환경 속에서 재료 과학의 다양한 분야의 연구를 수행하고 대학원생들을 양성하기 시작했다. 또한 IDL 프로그램은 새로운 연구소 건물의 건축 비용을 제공해 재료 관련 연구자들을 공동의 공간으로 모을 수 있게 했을 뿐만 아니라 공동 이용 설비를 확충해 연구자들 간의 상호 작용을 촉진할 수 있도록 해 주었다. (Psaras and Langford, 1987)

미국 대학의 학제간 연구 제도는 냉전이라는 맥락 속에서 시급한 국가적 요구에 부응하기 위해 추진되었다. 장거리 미사일, 폭격기, 인공 위성 등 (구) 소련과의 대결에 필요한 신무기를 개발하는 과정에서 고성능 재료의 부족이 결정적인 걸림돌로 부상했던 것이다. 국방부를 중심으로 하는 정책 결정자들은 이를 해결하기 위해 학제간 연구 제도에 눈을 돌리게 되었고, 그 결과가 1960년대 초 각 대학에 설립된 학제간적 재료 연구소들이었다. IDL 프로그램은 1972년 '재료 연구소(Materials Research Laboratories, MRL)' 프로그램으로 개칭되어 NSF로 이관되기까지 12년 동안 재료 과학 공동체의 안정화를 뒷받침했다. (**표 2** 참조) 그러한 지원의 결과 미국의 재료 과학은 '재료 과

표 2 각 학제간 재료 연구소에 투입된 예산, 1960~1972년

대학명	총 예산 (단위 1,000달러)
코넬 대학교	26,361
펜실베이니아 대학교	21,602
노스웨스턴 대학교	15,456
MIT	18,152
스탠퍼드 대학교	11,930
일리노이 대학교	16,134
시카고 대학교	8,349
퍼듀 대학교	7,618
하버드 대학교	7,308
브라운 대학교	13,911
메릴랜드 대학교	5,340
노스 캐롤라이나 대학교	5,743

학 및 공학과(Department of Materials Science and Engineering)'라는 이름의 새로운 학과들의 설립으로까지 나아갈 수 있었는데, 이것은 새로운 학제간 연구 분야가 기존의 학과들 사이에서 제도화되는 과정을 보여 주는 좋은 사례라고 볼 수 있다. (Bensaude-Vincent, 2001)

5. 학제간 연구란 무엇인가?

학제간 재료 연구소 프로그램의 NSF로의 이관은 1960년대 들어 국방

연구 개발비가 점차 줄어드는 추세에 들어섰다는 사실과 연관되어 있었다. 이러한 환경 속에서 국방부는 더 이상 재료 과학 기초 연구에 들어가는 막대한 예산을 정당화하기 어려웠다. 더구나 1970년에는 군사 조달 허가법(Military Procurement Authorization Act)이 제정되면서 구체적인 군사 목적과 연관을 갖지 않은 국방부의 모든 연구 프로젝트가 중단되기에 이르렀다. (Asner, 2004) 1950년에 설립된 이래 대학의 기초 연구에 대한 지원을 담당해 왔던 NSF는 국방부보다는 사정이 나은 편이었지만 이곳 역시 1960년대 후반 이후 실용적 기술과의 연관성을 강조하는 분위기가 팽배했다. 약 20년 동안의 냉전기를 겪었던 미국 사회가 베트남전을 겪으면서 비로소 탈냉전을 향한 첫 발을 내딛기 시작했던 것이다. 이러한 사회 분위기는 과학 기술계에 자신의 전문 분야의 사회적 '연관성(relevance)'을 찾아야 한다는 새로운 숙제를 던져 주었다. (Light, 2003) 재료 연구소들은 새로운 환경 속에서 비교적 성공적으로 적응해 나갔다. 주변 연관 기업과의 연계를 통해 산학 프로그램의 확충하는 한편, 값비싼 실험 장비를 구입할 만한 재정적 여유가 없는 기업 및 사설 연구 기관의 연구원들에 대한 대학 시설의 개방 등을 통해 사회와의 여러 접점들을 만드는 노력을 게을리 하지 않았다. 1960년대와 1970년대에 걸친 이와 같은 노력들을 통해 재료 연구소들은 물리 과학 및 관련 기술 연구 개발 분야에서 학제간 상호 작용이 일어날 수 있는 안정적인 제도적 공간을 확보할 수 있었다. (Psaras and Langford, 1987)

1970년대 후반이 되자 미국 사회는 새로운 위기에 직면하게 되었다. 그것은 일본 통상산업성의 대규모 지원과 전자 산업의 6개 대기업의 참여를 통해 미국의 기술을 넘어서는 차세대 반도체 소자의 제조 방식을 개발하겠다는 VLSI(Very Large Scale Integration) 공동 연구 조합 사업이었다. (Callon, 1997) 1975년에 시작된 일본의 야심찬 계획은 미국에게 새로운 위협으로 떠올랐다. 이 위협에 대응하기 위해 미국의 정책 결정자들은 과학 기술 정책에 변화를 주었다. 적어도 담론 차원에서 미국 과학 기술의 목표가 국방을 위한 무기 개발이나 사회적 연관성에서 국가 경제의 경쟁력(national economic competitiveness)의 확보로 전환했다. (Lucena, 2005) 하지만 새로운 위기에 대처하는 방식은 여전히 학제간 연구소에 대한 지원이었다. NSF는 재료 연구를 지원하는 과정에서 얻은 경험을 바탕으로 새로운 학제간적 연구소에 대한 지원 사업을 확대해 나갔다. 그 결과 1984년에는 엔지니어링 연구 센터(Engineering Research Centers) 프로그램이, 1987년에는 과학 및 기술 센터(Science and Technology Centers) 프로그램이 개시되었다. (Belanger, 1998) 1960년에 시작된 제도적 흐름이 2003년의 NSEC 프로그램으로까지 이어져 현재에 이르고 있는 것이다.

20세기 후반 미국의 경험에서 중요한 교훈은 학제간 연구가 해당 시기의 사회적 요구와 긴밀하게 연계되어 있었다는 것이다. NSF는 1972년에 IDL 프로그램을 이관받으면서 기존의 연구소들에 대한 엄격한 평가 작업을 진행했다. 평가 과정에서 가장 논쟁이 되었던 부분은 바로 학제간 연구란 무엇이며 기존의 재료 연구소들이 학제간 연구를 제대로 수행해 왔는가에 대한 것이었다. 당시 NSF의 평가 위원들에 따르면 학제간 연구와 다학제 연구는 다음과 같이 정의될 수 있었다.

> **학제간 연구**(Interdisciplinary Research): 어떤 문제에 대한 해답을 얻기 위해 둘 이상의 학문 분야의 연구자들이 공동의 노력을 기울이는 것. 주어진 문제가 그것의 해결을 위해 필요한 인력의 선택을 결정짓는다. 이와는 반대로, 학제간적이지 않은 연구에서는 개인의 학문 분야가 풀어야 할 문제를 결정짓는다.

> **다학제 연구**(Multidisciplinary Research): 서로 다른 학문 분야(주로 학과)의 연구자들이 공동의 환경, 시설, 지원 체계를 공유하는 활동. 그러나 여러 분야의 연구자들의 능동적 참여가 필수적이지는 않다. 연구 환경의 공유는 개별 연구 활동에 간접적인 이점을 주지만, 대개의 경우에는 각자의

학문 분야에서 제기된 문제들에 천착한다.*

　여기서 핵심은 "문제의 해결"이 학제간 연구의 전제 조건이라는 것이다. 즉 미국에서의 학제간 연구란 1957년 스푸트니크 발사 이후 미국과 (구)소련 사이의 냉전 및 우주 경쟁의 본격화에 따른 국가 위기 상황이 낳은 것이었다. 물론 1960년대 후반 이후 미국 사회에 만연했던 빈곤 문제, 환경 문제 등 다양한 사회적 문제의 해결, 그리고 1970년대 후반 이후 일본의 급속한 기술 추격에 대응하기 위한 국제 경쟁력 강화, 나아가 21세기 초에는 '테러와의 전쟁'을 위한 새로운 무기 및 감시 기술의 개발이라는 일련의 새로운 목표들이 설정됨에 따라 학제간 연구의 방향과 성격 역시 선회해 왔다. 하지만 변하지 않았던 공통 분모는 해당 시기의 미국 사회가 해결해야 할 문제들에 대한 사회적 합의가 이루어졌고, 그 문제들을 해결하기 위해 국가적 자원이 대학에 투입되었으며, 대학의 연구 제도와 미국 연방 정부의 연구 개발비 지원 프로그램은 시대적 상황에 발맞추어 진화하고 적응해 왔다는 것이다. 이러한 과정을 통해 미국의 연구 대학에 다양한 분야의 전문가들이 상호 작용할 수 있는 제도적 공간이 정착될 수 있었고, 정책 결정자들 역시 새로이 등장하는 문제들에 대한 해결책을 여기에서 찾으려 했다.

　대학은 근본적으로 보수적인 성향을 보이기 마련이다. 특히 대학 사회의 구성원들은 급격한 제도적 변화에 대해 저항하려는 경향성을 가지고 있다. 이것은 학제간 연구의 정립 과정에서도 마찬가지였고, 미국 펜실베이니아 주립 대학교 재료 연구소의 초대 소장을 맡았던 재료 과학자 러스텀 로이

* Management and Cost Analysis Staff, GCO, "Materials Research Laboratories Study, January 1974," Office of the Director Subject Files, 1964-1983, Box 7, Records of the National Science Foundation, National Archives and Records Administration, College Park, MD.

(Rustum Roy, 1926~2010년)[*]는 이것을 잘 알고 있었다. 그는 자신의 오랜 경험에 비추어 대학 내에서 학제간 연구가 시작되는 동인(動因)을 다음과 같이 요약했다.

> 대학의 구조를 학제간 연구의 방향으로 전환하는 주요한 힘은 지성적 변화에서 오는 것이 아니다. 그것은 사회에서 필요하다고 인정되는 문제들 (perceived and labeled problems of society)에 대해 대학들이 대응하도록 유도하는 재정적 보상과 정치적 요구에서 온다. (Roy, 1979: 166)

특히 전통적으로 수직적 "학과 대학" 구조를 가지고 있었던 미국의 연구 대학들에서는 변화에 대한 저항이 더욱 극심했을 것이다. 이 저항을 넘어설 수 있었던 힘은 사회적 문제를 해결하기 위한 연방 정부의 요구와 정부의 장려책에 적극적으로 반응한 대학 지도자들의 노력이 만들어 낸 결과라고 할 수 있다.

6. 맺음말 및 시사점

20세기 후반 미국 연구 대학에서의 학제간 연구는 시급한 사회 문제의 해결이라는 분명한 목적 지향성을 가지고 있었다. 이러한 방식은 서문에서 언급한 '문제 중심적' 학제간 연구라고 말할 수 있을 것이다. 미국 대학의 과학자들과 엔지니어들은 사회 문제를 해결한다는 정당성을 바탕으로 연방 정

---

[*] 로이는 펜실베이니아 주립 대학교 재료 연구소의 초대 소장이었을 뿐만 아니라 (2012년 7월 1일부로 폐지될 예정이기는 하지만) '과학 기술과 사회(Science, Technology, and Society) 프로그램'의 초대 디렉터이기도 했다. 로이의 삶과 업적에 대해서는 그의 개인 홈페이지를 참조하라. http://rustumroy.com/.

부로부터 막대한 자금을 받아낼 수 있었으며, 이것을 통해 설립된 학제간 연구소의 안정적 운영을 보장받을 수 있었다. 결국 로이가 지적했듯이 '대학원 학과 대학'이라는 미국 대학의 전통적인 구조를 바꾸어내는 힘은 대학 내부의 지성적 요인이 아니라 연방 정부의 재정 지원이라는 외부적 요인에서 왔던 것이다. 하지만 새로운 조직 속에서 과학 기술자들이 문제 중심적 연구 활동만 수행한 것은 아니었다. 다양한 분야의 전문가들이 모이고 상호 작용할 수 있는 공간이 만들어지자 그 안에서 이전에는 미처 생각하지 못한 새로운 아이디어가 생기기도 했고 여러 분야가 교차하는 지점에서 새로운 학문 분야가 탄생하기도 했다. 이러한 현상들은 과학 기술자들이 안정적인 제도적 공간이 이미 확보되어 있었기 때문에 가능했던 일이었다. 예를 들어 펜실베이니아 대학교의 화학자 앨런 맥다이어미드(Alan MacDiarmid)와 물리학자 앨런 히거(Alan Heeger)의 전도성 폴리머 관련 연구는 1970년대 학제간적 재료 연구소라는 제도적 틀 내에서 가능했다.*

한국의 대학 구조는 해방 이후 미국의 영향을 받아 미국의 대학과 유사한 학과 중심의 수직 구조로 이루어진 경우가 많다. 이러한 상황에서 학제간 연구를 장려하기 위해서는 현재 한국 사회에서 시급하게 해결되어야 할 문제들이 무엇인지를 인지하고 이것을 위해 사회적 자원을 투입할 수 있도록 사회적 합의에 이르는 과정이 필수적일 것이다. 기본적으로 보수적인 성향을 가진 대학 사회가 '지성적' 이유에서 스스로 학과 중심의 제도적 틀을 깨고 학제간 연구 방식으로 전환할 수 있을 것이라고는 보기 어렵기 때문이다. 이렇게 생각한다면 '재정적 보상과 정치적 요구' 등의 외부적 충격으로 인해 학제간 연구라는 제도적 공간들을 확보하고 안정화시키는 것이 급선무라고 볼 수 있다. 이것은 주어진 사회적 문제의 해결이라는 당면 과제를 넘어 창의

---

* 이 연구로 그들은 (일본의 시라카와 히데키(白川英樹)와 함께) 2000년 노벨 화학상을 수상했다. 맥다이어미드는 노벨상을 받은 후 어느 인터뷰에서 전도성 폴리머 연구를 위한 자금을 또 다른 프로젝트를 위한 기금에서 전용(轉用)했다고 밝혔다. (MacDiarmid, 2005)

적인 학문 융합을 이루기 위한 필수적 전제 조건이다. 기존의 공고한 수직적 학과 체계에 대항할 수 있는 안정적인 제도적 공간을 확보하지 못한 채 담론적인 차원에서의 지식 융합만을 강조한다면 우물에서 숭늉을 찾는 격이 아니겠는가.

　이렇게 보았을 때 한국 사회의 지식 융합 담론에는 우려스러운 측면이 존재한다. 물론 지난 몇 년 사이에 서울 대학교 융합 과학 기술 대학원이나 연세 대학교 미래 융합 기술 연구소 등 중앙 정부나 지방 자치 단체의 지원을 받는 학제간 연구의 제도적 공간이 마련되고 있는 것은 바람직한 현상으로 보인다. 하지만 이러한 제도적 공간들이 구체적인 사회적 문제에 천착하지 못하고 '탈추격'이나 '창의적 융합 연구'와 같은 모호한 목표를 지향한다면 제도적 안정화를 이루는 데 분명한 한계를 보이게 될 것이다. 이미 확보된 제도적 공간을 지켜 나가기 위해서는 현재 한국 사회가 당면한 과학 기술적 과제에 대한 민주주의적 합의를 이루는 것이 중요할 것이다.

최형섭(서울 대학교 재료 공학부 교수)

5장 합성 생물학과 성공적 융합

I. 합성 생물학의 충격

2010년 5월 21일 《사이언스》에 놀라운 사진이 실렸다. 그 사진은 역사상 처음으로 전체가 인공적으로 만들어진 유전체(genome)를 가진 최초의 인공 합성 생명체의 전자 현미경 사진이었다. (**그림 1** 참조) 이 사진과 함께, 크레이그 벤터(Craig Venter)가 이끄는 24명의 연구진은 「화학적 합성 유전체에 의해 제어되는 세균 세포의 창조(Creation of a Bacterial Cell Controlled by a Chemically Synthesized Genome)」라는 제목의 논문을 발표했다. 이들이 발표한 내용은 많은 이들에게 놀라움을 안겨 주었는데, 왜냐하면 유전체를 부분적으로 조작한 부분적 합성 생명체는 기존에도 있었으나 전체를 모두 인공적으로 만들어 낸 것은 처음이었기 때문이다. 연구진은 가장 단순한 생명체이며 동물의 장 속에 기생하는 세균인 미코플라스마 미코이데스(*Mycoplasma mycoides*)의 유전체를 인공적으로 합성했다. 그런 후 이 유전체를 다른 종의 세균(미코플라스마 카프리콜룸(*Mycoplasma capricolum*)) 안에 거부 반응 없이 주입하는 데 성공했다. 그리고 지구상에 존재한 적이 없는 이 새로운 생명체가 자기 복제

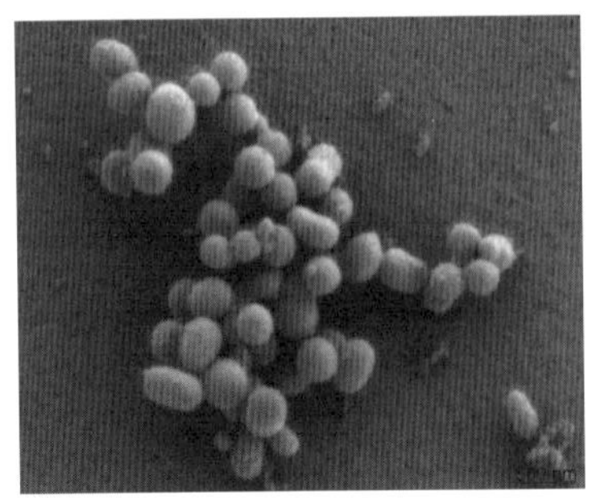

그림 1 최초로 전체 유전체를 인공적으로 합성해서 만들어진 인공 생명체의 모습. Gibson et al. (2010)에서 인용.

와 대사 활동 같은 정상적인 생명 활동을 하는 것을 확인했다. 벤터는 언론을 통해 "인공 세포 창조의 꿈"이 드디어 현실이 되었다고 선언했다.*

이 연구진의 놀라운 성과가 전 세계 언론에 대서특필되면서 국내에도 '합성 생물학(synthetic biology)'이라는 분야의 존재가 널리 알려지기 시작했다. 합성 생물학은 궁극적으로 완전한 인공 생명체를 만들어 내는 것을 목표로 하는 새로운 융합 학문이다. 벤터의 성과로 알 수 있듯이, 현재 합성 생물학의 수준은 전체 유전체를 설계하고 제조할 수 있는 데까지 이르렀다. 이제 합성 생물학자들은 유전체 외에도 세포막, 미토콘드리아 등, 세포의 모든 부품들을 인공적으로 만들어 내고 이것을 전기 회로처럼 조립해 내는 기술을 개발하기 위해 치열한 경쟁을 펼치고 있다.

합성 생물학 연구의 대부분은 유전자 조작을 통해, 의약품 생산, 오염 물질 제거, 그리고 에너지 생산 등에 쓰일 수 있는 인공 미생물을 개발하는 것들이다. 듀폰과 카길 같은 대기업이 이 분야에 나선 지는 이미 오래된 일이며 미국과 EU는 국가 차원의 지원을 통해 이 분야에서 주도권을 잡기 위해 연구에 박차를 가하고 있다. 합성 생물학은 앞으로 인류에게 놀라운 혜택을 안겨 줄 새로운 분야로 각광을 받기 시작했다. 예를 들어, 가난한 국가의 국민들이 많은 고통을 받는 질병인 말라리아의 치료제를 값싸게 생산하는 생물을 만들어 내거나,** 광합성을 통해서 유기물로부터 석유를 만들어 내는

* 벤터의 발표문은 http://www.ted.com/speakers/craig_venter.html 참조.

** Dae-Kyun et al.(2006) 참조. 특히 이 연구는 빌 게이츠와 미란다 재단이 후원해서 화제가 되었다.

생물을 만들어 에너지 문제를 해결하려는 시도들이 진행 중이다. 또한 유전자 치료를 통해서 유전적 질병을 치료할 수도 있을 것이다.

　이처럼 많은 가능성을 가진 합성 생물학은 생명 공학(BT), 정보 기술(IT), 컴퓨터 기술(CT), 나노 기술(NT) 등의 첨단 과학 분야가 결합된 새로운 융합 학문이다. 이 글은 합성 생물학을 소개하고 새로운 융합 분야로서 합성 생물학이 거둔 성과들이 학문 간 융합을 둘러싼 논의에 어떤 시사점을 주고 있는지 살펴보는 것을 목표로 한다. 합성 생물학 분야에서 나타나는 특별한 현상은 공학적인 연구 전략과 기존 생물학 분야의 융합이 일어나고 있다는 것이다. 여러 학자들이 이 전략적 융합이 가져온 시너지 효과에 주목하고 있다. (Endy, 2005b; Andrianantoandro et al., 2006) 생물학과 공학적 전략의 결합은 처음에는 실용적인 측면에서의 유용성을 제공하는 데 목적이 있었으나, 기술적 진보가 계속됨에 따라서 기존의 생물학 연구에 새로운 방법론과 새로운 개념을 제공해 주는 데까지 발전하고 있다. 여기서 우리는 성공적인 융합 사례로서 합성 생물학만이 가지는 전략적 차별점을 살펴보고 그를 통해 성공 융합의 조건에 대해서 생각해 볼 것이다. 이것을 위해 2절에서는 합성 생물학의 목적과 역사에 대해서 간략히 살펴본 뒤, 3절에서 합성 생물학만의 특별한 융합 전략인 공학적 접근법에 대해서 논의한다. 4절에서는 합성 생물학이 기존 연구에 제공하고 있는 새로운 방법론과 접근법을 살펴볼 것이다. 마지막으로 합성 생물학이 보여 주는 학문 간 융합의 성공 조건에 대해서 논의할 것이다.

2. 합성 생물학의 개념과 역사

　합성 생물학의 등장 배경에는 1970년대 이후 급격하게 발전하기 시작한 생명 공학(bio-engineering)이 있다. 생명 공학을 통해서 발전된 DNA 재조합 기술은 대장균을 이용한 인슐린 생산 같은 주목할 만한 성과를 낳았다. 그런데 2000년대 들어 기술이 성숙하면서 새로운 방향의 연구를 시도하는 흐름이 나타나기 시작했다. 유전체학(genomics), 시스템 생물학(system biology), 합성 생물학(synthetic biology) 등이 이 흐름에 속하는 연구 분야들이다. 많은 학자들은 기존의 생물학이 분석적인 접근법을 취하는 반면 이 분야들은 통합주의적(integrative)인 접근을 시도한다고 본다. (김영창 외, 2008; Morange, 2009) 이 학자들에 따르면 기존의 분자 생물학은 생명체를 이루는 개개의 구성 요소를 분해하고 각각의 요소를 개별적으로 분석하는 방식으로 연구를 진행하는 데 반해, 이 새로운 분야들은 시스템 수준에서 생명체를 설명하는 것을 목표로 한다.

그런데 시스템 수준의 설명을 하려면 각 구성 요소들의 복잡한 상호 작용을 이해해야 하기 때문에 다양한 학문들 간의 협력이 필요하게 되었다. 그렇기 때문에 이 분야들은 기본적으로 생명 공학 기술과 정보 기술, 나노 기술 등이 결합된 융합 학문들이다. 그중에서도 이 글에서 다룰 합성 생물학은 '생물을 만들어 봄'으로써 그 생물을 이해하고자 한다. 합성 생물학 컨소시엄(Synthetic Biology Consortium)에 따르면, 합성 생물학은 "자연 세계에 존재하지 않는 생물 구성 요소와 시스템을 설계하고 제작하는 것과 자연 세계에 존재하고 있는 생물 시스템을 재설계해 제작하는 것" 두 가지를 목적으로 한다.* 합성 생물학 문헌에서는 리처드 파인만(Richard P. Feynman)이 죽기 전 마지막으로 그의 칠판에 남겼다는 경구가 자주 인용된다. 파인만은 죽기 직전 자신이 내내 사용하던 칠판에 "내가 만들 수 없는 것은, 이해하지 못한다."라는 말을 적어 놓았다. 바꿔 말하면, 진정으로 이해한다면 만들 수 있어야 한다는 뜻이 된다. 이 말의 뜻처럼 합성 생물학은 생명체를 인공적으로 만들어 봄으로써 생명체에 대한 지식을 얻는 것을 목표로 한다.

---

* 원문은 합성 생물학 컨소시엄 홈페이지 http://syntheticbiology.org/에서 찾아볼 수 있다.

　　생명체는 매우 복잡하고 미세한 대상이기 때문에 다루기가 매우 까다롭다. 그렇기 때문에 합성 생물학자들은 연구 개발과 생산의 효율성을 높이는 문제에 관심을 기울여 왔다. 이 문제를 해결하기 위해서 그들은 공학에서 가져온 전략을 기존 분자 생물학에 접목시키려고 했는데, 이 점이 바로 다른 여타의 유사한 분야들과 합성 생물학을 구별해 주는 차별점이 되고 있다. 공학적 전략들을 선도적으로 도입한 드루 엔디(Drew Endy)와 톰 나이트(Tom Knight)는 표준화 전략을 통해서 효율성을 높이는 문제를 풀려고 시도했다. 이들은 특정한 기능을 갖도록 디자인된 표준화된 염기 서열들을 개발하고 그것들에 바이오브릭(BioBrick)이라는 이름을 붙였다. 현재의 합성 생물학자는 바이오브릭 덕분에 마치 아이가 레고(LEGO™) 블록을 조립하는 것처럼 새로운 생명체를 만들 수 있게 되었다. 바이오브릭을 통한 표준화는 바이오브릭스 재단(BioBricks Foundation)을 중심으로 이루어지고 있으며 재단의 홈페이지에는 수많은 바이오브릭이 공개되어 있어서 누구나 자유롭게 사용할 수 있다.* 부품의 표준화는 공학적 접근의 시발점일 뿐이며, 합성 생물학 분야에서는 현재 다양한 공학적 전략들이 사용되고 있다. 그로 인해 합성 생물학에서는 다양한 분야 간의 분업과 협력, 그리고 전문화 등이 쉽게 일어날 수 있었다. 그리고 바로 그것이 합성 생물학이 성공을 거둘 수 있었던 중요한 이유다.

　　합성 생물학에서 나타나는 또 다른 흥미로운 현상은 기술의 대중화이다. 이런 현상이 나타나는 이유는 인공 생명체를 다루기가 갈수록 쉬워지면서 대중도 합성 생물학 기술을 사용할 수 있게 되었기 때문이다. 해마다 열리는 iGEM(International Genetically Engineered Machine) 대회는 그 대표적인 사례라고 할 수 있다. 이 대회는 학부생들이 바이오브릭을 사용해서 만든 독창적인 인공 생명체를 출품하고 경쟁하는 대회이다. 2004년 처음 열렸을 때

* http://biobricks.org/ 참조.

에는 20여 개 학교가 참여했지만 이후 참가 학교가 기하급수적으로 늘어서 2011년에는 수백 개의 학교가 미국, 유럽, 아프리카, 아시아 지역으로 나눠 예선을 치른 뒤 본선이 열리는 방식으로 진행되었다.* 이 대회에 출품된 것 중에는 온도를 측정할 수 있는 세균 온도계(온도에 따라 색이 달라지는 세균), 사진을 찍을 수 있는 생물 필름(색을 기록하는 세균으로 만든 바이오필름(bio-film) 등이 있다.) 같은 학생들의 상상력이 동원된 기가 막힌 인공 생명체가 많이 있다. 또한 합성 생물을 다루기 위한 장비의 가격이 점차 내려감에 따라서 뉴욕의 젠스페이스(Genspace) 같은 장소가 생기기 시작했다. 젠스페이스는 합성 생물학을 위한 장비를 일반인들이 공동으로 마련하고 공유해서 인공 생명체를 만드는 작업을 하는 커뮤니티 생물학 실험실(community biolab)이다. 이곳에서는 일반인들이 취미로 혹은 학문적 흥미를 가지고 합성 생물을 만드는 일을 하고 있다. 그러나 한편으로는 이로 인해 생물학적 테러와 바이오해커(bio-hacker)에 대한 우려가 현실화되고 있다. (Parens et al., 2009; Schmidt, 2008; 김훈기, 2009)

합성 생물학의 현황은 미국 우드로 윌슨 센터가 만든 '합성 생물학 프로젝트(Synthetic Biology Project)'의 홈페이지를 통해서 확인할 수 있는데, 우드로 윌슨 센터에서는 매년 합성 생물학 관련 연구소, 회사, 정부 기관, 정책 연구소 등을 조사해 표시한 구글맵을 공개하고 있다.** **그림 2**의 지도는 우드로 윌슨 센터에서 만든 구글맵인데, 이 지도를 보면 합성 생물학 연구가 미국과 유럽 연합을 중심으로 이루어지고 있음을 알 수 있다.

우드로 윌슨 센터의 조사에 따르면 현재 합성 생물학의 산업 규모는 약 8억 달러이며 2015년까지 18억 달러로 증가할 것이라고 한다. 현재 연구소, 정부 기관, 대학이 미국이 227개, 유럽이 80개에 달한다. 한편 유전자 합

---

* http://igem.org/About 참조.

** http://www.synbioproject.org/library/inventories/map/ 참조.

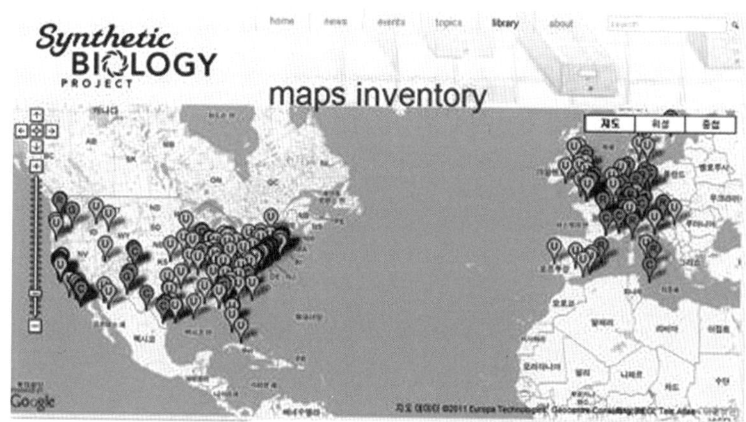

그림 2 구글맵으로 본 합성 생물학 관련 연구 기관 현황. 합성 생물학 프로젝트 홈페이지에서 장면갈무리한 것이다.

성 기술의 생산성은 15년 전에 비해 7,000배 높아졌고, 14개월마다 2배씩 증가하며, 염기 한 쌍당 합성 가격은 32개월마다 50배씩 감소한다고 한다. (Garfinkel, 2007)

한국에서 합성 생물학 연구는 아직 걸음마 단계로 소규모로만 연구가 이루어지고 있다. 그중에서도 충북 대학교 김영창 교수를 중심으로 2005년 한국합성생물학회가 창립되고 매년 학술 대회가 개최되고 있다는 사실은 고무적이라고 할 수 있다. 또한 충북 대학교의 CBNU-Korea 연구팀이 2009년 iGEM에 처음으로 참가했는데도 동상을 수상하는 쾌거를 이루기도 했다. 최근 한국 정부는 BT, IT, NT 등의 융합 기술에 막대한 예산을 지원해 오고 있는데 현재는 합성 생물학에 대한 인식 수준이 낮은 탓에 활발한 지원이 이루어지고 있지 못한 실정이다. 미국, 유럽 연합 등이 합성 생물학의 가능성을 인정하고 국가 차원의 지원을 하고 있는 실정에 비춰 보면 합성 생물학의 육성을 위한 투자와 정책이 한국에서도 시급하다고 할 수 있다.

3. 생물학적 전략과 공학적 전략의 만남

앞 절에서 언급한 것처럼 합성 생물학에서는 생명체를 '만들어 보는 것'의 효율성을 높이기 위한 여러 가지 공학적 전략이 사용된다. 합성 생물학을 이끄는 연구자 중 한 사람인 MIT의 엔디의 말을 빌면 공학적 전략이란 한마디로 "생명체를 제작하기 쉽게 하는 것"이다.* 공학적 전략이 점차 성공적으로 적용됨으로써 합성 생물학자는 제작과 설계, 연구 등 인공 생명체를 다루는 기술 전체에 걸쳐서 신뢰성과 효율성을 높이고 다른 분야의 전문가들과 쉽게 협력 작업을 할 수 있게 되었다. 이런 목표를 달성하기 위한 공학적 전략으로 잘 정리되어 있고 풍부한 논의가 이루어진 개념으로 **표준화**(standardization), **분할**(decoupling), **추상화**(abstraction)가 있다. 이 절에서는 이 전략이 합성 생물학에 구체적으로 어떻게 적용되었고 이 접근법이 가지는 의미에 대해서 논의할 것이다.

그전에 이 전략들이 구체적으로 무엇을 의미하는지부터 살펴보자. 이해를 돕기 위해 공학적 전략을 철도 교통 시스템을 건설하는 프로젝트에 비유해 볼 수 있을 것이다. 철도 교통 시스템은 현대인에게 매우 친숙한 것임에도 불구하고 그것을 건설하는 일은 수많은 요소들에 대한 고려가 필요한 거대 프로젝트이다. 이 프로젝트는 단지 철도를 깔고 열차를 만드는 것으로 끝나는 것이 아니다. 여기에는 '차량'과 '철도'뿐만 아니라 차량에 동력을 공급하기 위한 시스템, 차량을 안전하게 운영하기 위한 여러 가지 규칙, 승객과 화물을 탑재하기 위한 시설, 이 시설을 운영하기 위한 조직 등이 필요하다. 이런 관점에서 철도 교통 시스템을 보면 그것이 대단히 넓은 분야가 서로 뒤얽힌 거대한 체계라는 것을 알 수 있다. 이런 거대한 시스템을 무작정 개발한다

---

* 그의 인터뷰 전문은 다음 인터넷 사이트에서 볼 수 있다. http://www.edge.org/documents/archive/edge237.html.

고 나선다면 건설에 실패하기 십상이다. 철도 시스템은 수없이 많은 요소들을 고려해야 건설 가능하기 때문이다. 따라서 건설 사업을 효율적으로 수행하기 위한 여러 가지 전략이 필요해진다.

　가장 고전적인 전략은 '표준화'이다. 이것은 근대 산업화의 핵심 전략이기도 했다. 예컨대 서울에서 부산까지 철도를 건설한다고 하자. 그런데 만약 경기도와 경상남도의 철로 폭이 다르다면 어떻게 될까? 그렇게 되면 경기도와 경상남도는 각각 다른 열차를 사용해야 할 것이고, 열차 제작 회사는 서로 다른 열차를 만들기 위해 서로 다른 조립 라인을 사용해야 하며, 각각의 열차의 설계를 다르게 하고 다른 부품, 다른 재질의 재료를 사용해야 한다. 서울에서 부산까지 열차를 이용해서 여행하는 승객 또한 경기도와 경상남도의 경계에서 다른 열차로 갈아타야 하는 불편을 감수해야 한다. 또 차량 보관소와 역을 비롯한 부대 시설도 다른 설계, 다른 시설로 건설되어야만 한다. 시스템을 건설하는 담당자는, 만약 표준화가 되어 있지 않다면 엄청난 난관을 극복해야만 할 것이다. 이처럼 표준화는 시스템에 속하는 거의 모든 것에 영향을 미친다. 따라서 표준화는 통합된 시스템을 개발하기 위한 필수적인 요소이다.

　또 다른 중요한 전략은 '분할'이다. 이 전략은 하나의 복잡한 문제(목표)를 여러 가지 쉬운 문제(목표)로 분해해서 풀기 쉽게 만드는 것이다. 예를 들어, 철도 차량을 만들어야 하는데 차량이 매우 복잡하기 때문에 어려움을 겪는다고 하자. 그런 경우 유용한 전략은 차량을 부분으로 분해해서 각각의 부분을 완성한 뒤, 한데 모으는 것이다. 예를 들면, 철도 차량을 엔진 부분, 바퀴 부분, 차체 부분 등으로 나누고 각각의 부분을 따로 개발하는 것이다. 이런 분할 전략을 사용하면 전체 시스템의 작동 과정을 더 쉽게 추적할 수 있게 되고 예기하지 못한 오류가 발생했을 때 원인을 찾기도 쉬워진다. 더불어 분할 전략을 통해 분업과 전문화라는 이득 또한 얻을 수 있다. 예를 들어, 엔진을 설계하는 사람은 차량의 바퀴도 만들 수 있다. 그러나 철도 차량을 만드는 데 고도의 기술이 요구된다면 한 사람이 담당할 수 있는 작업에는 한계가 있고 품질도 떨어지게 될 것이다. 그런 경우, 전체를 부분으로 나눠서 각 부분의 전문가들이 협력 작업을 하도록 하면 훨씬 더 효율적인 작업이 이루어질 수 있다.

분할 전략과 유사하면서도 특히 연구 개발에 있어서 중요한 전략에 '추상화'가 있다. 추상화 전략은 영역 사이의 수준(level)을 구별하고 특정한 정보 채널(information channel)을 제외하고 각각의 수준을 독립시키는 전략이다. 추상화의 고전적인 예는 하드웨어와 소프트웨어의 구별이다. 만약 소프트웨어를 개발하는 사람이 복잡한 하드웨어까지 신경을 써야 한다면 프로그램 개발이 매우 어려울 것이다. 만약 하드웨어 수준과 소프트웨어 수준 사이에 추상화 위계가 잘 나뉘어 있다면 소프트웨어 제작자는 하드웨어적 측면에 신경 쓸 필요 없이 소프트웨어 수준의 문제에만 신경 쓰면 되기 때문에 소프트웨어를 개발하기가 훨씬 쉬워진다. 실제로 하드웨어와 소프트웨어는 추상화 위계가 잘 구분되어 있으며 특정한 제작 표준이 있어서 이 표준에 맞추기만 하면 연구자는 자신이 다루는 수준이 아닌 부분에 대해서 전혀 신경 쓸 필요가 없다. 시스템이 복잡해질수록 추상화 전략은 더 유용한 전략이 된다.

사실 인공 생명체를 만드는 프로젝트는 철도 시스템 구축과는 비교될 수 없을 정도로 복잡한 작업이다. 이 세 가지 전략, 즉 표준화, 분할, 추상화는 이미 공학에서는 거의 상식에 가까울 정도로 잘 정립된 기본 전략들인데도 불구하고 합성 생물학이 등장하기 전까지 생물학 분야에서 본격적으로 시도된 적이 없었다. 이제 각 전략들이 합성 생물학 분야에서 구체적으로 어떻게 구현되고 있는지 살펴보도록 하자.

1) 표준화 전략

합성 생물학의 부품 표준화 작업은 바이오브릭스(BioBricks™, 바이오브릭스는 브랜드 이름이다.)를 중심으로 이루어지고 있다. 바이오브릭은 특정한 기능을 갖도록 미리 설계된 특정한 염기 서열이며 "상호 교환 가능한 부품 표준(standard for interchangable parts)"으로 정의된다.

바이오브릭의 핵심은 바로 부품 간의 '상호 교환 가능성'에 있다. 합성 생물학 이전에 전통적으로 사용되던 방식은 상호 교환 가능하지 않았기 때문에 그 방법으로 큰 생물 시스템을 제작하려면 많은 애로 사항이 발생하게 된다. 예를 들어 어떤 연구자가 EcoRI이라는 제한 효소(특정한 염기 서열을 자르는 역할을 하는 효소)를 사용해 A라는 부품을 얻고 마찬가지로 또 다른 연구자가 동일한 효소를 사용해 B라는 부품을 만들었다고 하자. 이렇게 동일한 제한 효소를 사용해서 부품을 만들면 이 두 부품을 연결해서 쉽게 조립할 수가 없다. 잘라진 부위가 동일하기 때문에 두 부품을 서로 다르게 이어 줄 수가 없기 때문이다. 이 경우 두 부품을 조립하려면 복잡한 여러 단계를 거쳐야만 한다. 그런데 바이오브릭을 사용하면 이런 문제를 겪지 않아도 된다.

바이오브릭스 재단이 추진하고 있는 표준화 작업은 크게 부품 조립 방식의 표준화와 부품의 표준화로 구성되어 있다. 먼저, 부품 조립 과정을 표준화하기 위해서 바이오브릭스 재단은 반복적으로 부품을 넣었다가 빼도 아무런 문제를 일으키지 않는 표준 운반체(idempotent vector)와 표준 조립 방법을 개발했다. 바이오브릭 프로젝트는 표준 조립 방법(standard assembly), 3A(3 antibiotic assembly) 등의 조립 방법을 개발해서 보급하고 있다. 이 방법을 사용하면 A라는 부품을 빼내고 그 위치에 B라는 부품을 넣는 등의 일을 쉽게 할 수 있다.

둘째로 부품의 표준화는 바이오브릭을 통해서 이루어지고 있다. 바이오브릭 부품은 표준 운반체에 실려 있으며 컨텐트(content)와 프레픽스(prefix, P)와 서픽스(suffix, S)로 구성된다. **그림 3**이 바이오브릭의 개념을 나타낸다.

여기서 실제로 기능을 하는 부분은 컨텐트이다. 프레픽스와 서픽스는 부품을 자르고 붙이는 데만 사용되며 조립 과정에서 각 부품의 프레픽스와 서픽스가 제거되고 옆 부품의 컨텐트와 컨텐트가 연결되게 한다. 따라서 최종적으로 만들어진 생산물은 컨텐트가 길게 이어진 유전체가 된다. (마지막 과정에서 맨 끝과 맨 뒤의 프레픽스와 서픽스도 제거된다.) 프레픽스와 서픽스로 어떤 서열이 사용되는지는 조립 방법에 따라 다르지만 중요한 것은 이 서열은 제한 효소가 인식해서 자르게 되는 부위이기 때문에 컨텐트에 이 염기 서열이 포함되어 있으면 안 된다. 그래서 컨텐트를 구성할 때 주의가 필요하다.

비영리 재단인 바이오브릭스 재단은 바이오브릭의 개발을 지원하고 부품을 표준화하고 등록하는 작업을 하고 있다. 바이오브릭은 누구나 저작권에 대한 염려 없이 사용할 수 있으며 바이오브릭 사이트(http://partsregistry.org/Main_Page)를 통해 필요한 부품을 검색할 수 있다. 각각의 부품들은 프로모터(promoter), 리보솜 결합 위치(Ribosome Binding Site, RBS), 플라스미드(plasmid) 등의 종류별로 분류되어 있어서 용도에 따라서 쉽게 원하는 부품을 찾을 수 있게 되어 있다. 특별히 편리한 점은 각 부품에 마치 ISO(국제 표준화 기구) 번호처럼 고유 번호가 지정되어 있다는 것이다. 이 고유 번호를 사용해서 다른 연구자나 혼동의 여지없이 소통하고 기업체에 특정 부품의 조립을 주문하는 것이 가능하다. (**그림 4** 참조) 바이오브릭의 표준 부품표의 예를 보여 준다.

바이오브릭을 이용하면 유전체 설계와 제작에 있어서 비용과 시간을 줄

그림 3 바이오브릭의 개념도. 플라스미드 뼈대(plasmid backbone) 위에 컨텐트(content)와 프레픽스(prefix, P)와 서픽스(suffix, S)의 염기 서열이 들어 있다.

	(가)	(나)	(다)		
–?–	Name	Description	Promoter Sequence	Positive Regulators	Negative Regulators
A	BBa_ I1051	Lux cassette right promoter	tgttatagtcgaatacctctggcggtgata		
...	...	...	...	...	...

그림 4 바이오브릭 표준 부품표의 일부이다. http://partsregistry.org/Promoters/ Catalog/Cell_signalling에서 인용. (가) 이름(name)란에 있는 기호가 바이오브릭의 고유 번호이다. (나) 설명(description)란에는 이 부품에 대한 간단한 설명이 씌어져 있다. 설명을 보면 이 부품이 프로모터(promotor)의 일종이라는 것을 알 수 있다. 프로모터란 DNA를 전사하기 시작하라는 개시(開始) 신호를 보내는 기능을 하는 유전자를 말한다. (다) 프로모터 서열(Promoter Sequence)란에는 이 부품의 염기 서열이 표기되어 있다.

일 수 있기 때문에 바이오브릭은 합성 생물학 발전에 있어서 중추적 역할을 하고 있다. 최근 바이오브릭스 재단은 부품 수준을 넘어서서 여러 부품을 조합해야 만들 수 있는 역전기(inverter)와 같은 장치 수준의 표준화를 시도하고 있다.

2) 분할 전략

분할 전략의 핵심은 시스템을 모듈(module)로 구획화하는 것이다. 모듈은 부품보다 좀 더 큰 단위로서 보다 복잡한 기능을 하도록 세부 부품들이 상호 연결된 것이다. **그림 5**가 모듈로 구성된 시스템의 개념을 나타낸다.

여기서 각 모듈은 인터페이스를 통해서 입출력이 서로 연결되며 모듈이 유용하게 사용되기 위해서는 다른 모듈과의 경계가 잘 정의되어 있어야 한다. 잘 정의된 모듈은 서로 연결된 블랙박스처럼 다른 모듈과 준(準)독립적으로 작동해야 한다. 실제 합성 생물학의 연구 결과들을 살펴보면 모듈화된 설

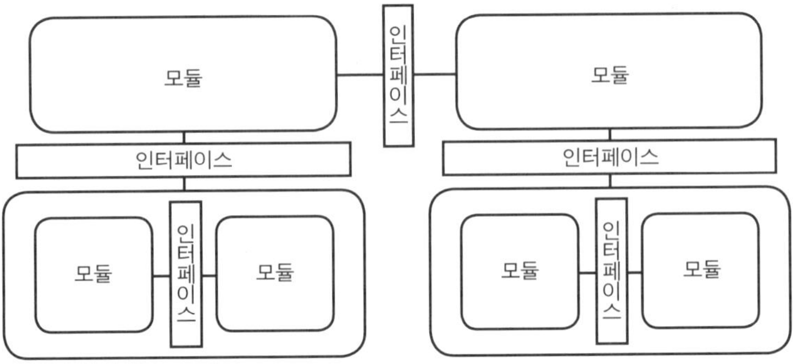

그림 5 모듈화된 시스템의 개념도. 김영창 외 (2008)의 57쪽에 있는 그림을 새로 그린 것이다.

계를 바탕으로 인공 생명체를 개발하고 있다는 것을 알 수 있다.*

합성 생물학에서 분할 전략이 유효한 이유는 생명체가 가지는 복잡성 때문이다. 실제로 생체 시스템 내의 대사 경로는 흔히 전기 회로에 비유되지만 실제로는 큰 차이가 있다. PCB 기판 위에 있는 칩들은 특정한 전선으로 서로 연결되어 있지만 세포 내의 물질 교환은 그렇지 않다. 세포 내의 물질 이동은 대부분 확산(diffusion)을 통해서 일어나며 대사 경로에서 만들어진 생산물들은 항상 서로 뒤섞여 있다. 그렇기 때문에 생체 시스템의 대사 경로는 다른 변화에 영향을 많이 받으며 근본적으로 부품들 사이에 전달되는 신호 외에 잡음이 포함되어 있다. 이런 상황에서 외부 변화에 영향을 받지 않으며 신뢰성 있는 시스템을 개발하는 것은 쉬운 일이 아니기 때문에 분할은 이 문제에 대처하기 위한 적절한 전략이 된다.

가장 핵심적인 모듈이면서 많은 연구가 이루어지고 있는 모듈은 차대(車臺, chasis)라고 할 수 있다. '차대'란 세포의 가장 기본적인 부분으로 전체 시

---

* 자연계에 존재하는 모듈들의 특성과 진화에 대한 자세한 논의로는, 이 책의 7장 「진화적 융합과 창의적 혁신」과 장대익 (2005)를 참조하라.

스템이 요구하는 물질의 공급을 담당하는 모듈을 말한다. (Endy, 2005a) **그림 6**이 차대의 개념을 나타낸다.

차대는 마치 자동차의 동력을 공급하는 엔진이나 전기 회로에서 전기를 공급해 주는 전력 공급기와 같은 역할을 하는 모듈이다. 안정적인 물질의 공급은 다른 모듈들의 올바른 작동을 하는 데 있어 매우 중요하다. 차대에는 안정성뿐만 아니라 효율성도 요구된다. 예를 들어, 포도당에서 알코올을 만드는 미생물을 개발한다고 할 때 이 미생물이 얼마나 효율적으로 물질을 생산하는지는 상업적으로 매우 중요하다. 만약 차대가 효율성이 낮아서 쓸데없이 에너지를 많이 소비한다면 미생물에서 원하는 수율(收率)을 얻기가 힘들어진다. 그런 이유로 합성 생물학은 효율적인 차대의 연구에 관심을 기울여왔으며 차대의 표준화 작업을 해 오고 있다. 차대의 표준화 작업이 이루어지면 마치 정해진 전기 회로 기판에 정해진 부품을 얹는 것처럼 인공 생명체의 제작과 설계가 이루어지게 될 것이다.

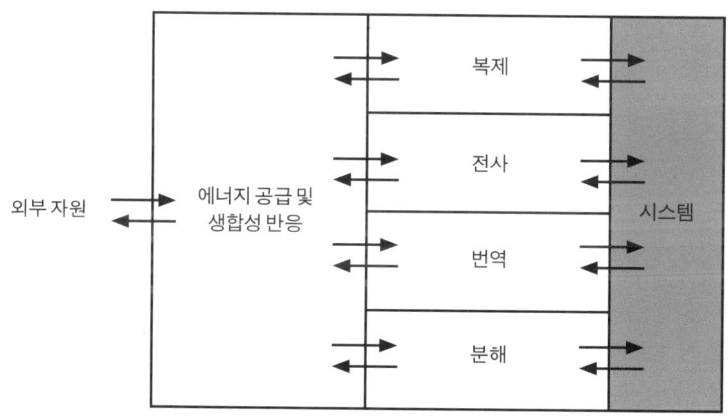

그림 6 차대의 개념도. 색이 칠해지지 않은 부분이 차대를 나타낸다. 차대는 외부에서 공급되는 자원을 시스템이 사용할 수 있는 자원으로 변환하는 역할을 한다. 그림의 화살표가 물질과 정보의 교환을 나타낸다. Canton et al. (2005)의 그림을 번역하고 새로 그린 것이다.

3) 추상화 전략

　　동일한 수준에서 구획을 나누는 분할 전략과 달리 추상화는 대상을 다루는 수준을 구분하는 전략이다. 합성 생물학에서는 엔디와 나이트가 제안한 추상화 위계가 가장 널리 인정되고 있다. 그들은 DNA, 부품(parts), 장치(devices), 시스템(systems), 이 네 가지 수준으로 시스템을 구별할 것을 제안했다. **그림 7**이 그들이 제안한 추상화 위계를 나타낸다.

　　여기서 DNA는 유전 물질 수준을 의미하며 부품은 기초적인 생물학적 기능을 가진 염기 서열(예컨대, 바이오브릭)의 수준을 말한다. 장치는 인간이 원하는 기능을 갖도록 부품을 모아서 설계된 것이다. 단백질이나 아미노산을 공급하는 장치, 세포 내 신호를 전달하는 장치 등을 예로 들 수 있다. 시스템 수준은 생명체를 설계하려는 최종적 목적을 달성하기 위해 장치들의 구성을 고려하는 단계이다.

　　추상화 수준의 요점은 각 수준에서 연구하는 연구자가 다른 수준의 연구를 신경 쓸 필요 없이, 독립적으로 작업을 할 수 있도록 만드는 것이다. **그림 7**에서 가로로 각 수준을 분리하고 있는 선은 추상화 장벽(abstraction barrier)을 의미하는데 이 선은 추상화 수준 사이의 경계를 나타낸다. 이 선이 나누는 양쪽 수준 사이에서는 정보의 교환이 제한된다. 그리고 추상화 장벽 사이에 뚫려 있는 작은 구멍은 인터페이스(interface)를 의미한다. 인터페이스는 서로 다른 수준 사이의 제한된 정보 교환을 가능하게 한다. 추상화 수준을 나누는 전략은 서로 다른 추상화 수준에서 작업하는 연구자로 하여금 최대한 자신이 하는 작업에만 집중할 수 있도록 한다. 예를 들어, 장치 수준에서 작업하는 연구자는 부품 수준에서 고려해야 하는 리보솜 결합 위치(RBS)나 프로모터 등을 신경 쓸 필요가 없다. 그는 다만 어떤 단백질이 장치로 전달되는지, 어떤 아미노산이 전달되는지 같은 일만 신경 쓰면 된다. 마찬가지로 부품 수준에서 작업하는 연구자는 포스포라미다이트 화학(phosphoramidite

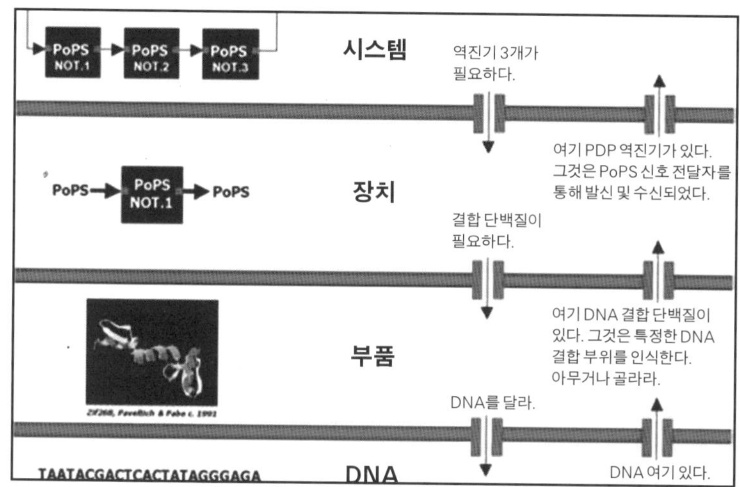

그림 7 합성 생물학의 추상화 위계. Endy (2005b)의 그림을 번역하고 새로 그린 것이다.

chemistry, 염기 서열을 조작하는 데 사용되는 화학) 같은 DNA 수준에서 필요로 하는 기술을 신경 쓸 필요가 없다. 그는 다만 부품이 어떻게 작동하고 부품들을 어떻게 구성할지만 고려하면 된다.

합성 생물학의 추상화 수준 분리는 단순 분업화를 넘어서서 자동화, 산업화까지 진행되고 있는 상황이다. 예들 들어, 바이오브릭 부품의 조립은 사람이 작업하기에는 시간과 노력이 많이 필요한 작업이지만 로봇을 이용하면 시간과 노력을 상당히 절약할 수 있다. 에펜도프(eppendorf) 사는 바이오브릭을 자동적으로 조립해 주는 로봇을 개발해서 판매하고 있다.* 이미 합성 생물학 연구자들에게 이런 로봇의 사용은 보편화되어 있다.

더 나아가 현재 원하는 DNA 서열을 설계해서 보내면 직접 제작해서 보

---

* 제품명 epMotion® 5075. http://www.eppendorf.de/int/index.php?action=epmotion&contentid=2 참조.

내 주는 기업체들이 활발하게 활동하고 있기 때문에 이런 조립 기계마저 필요 없는 상황이 오고 있다. DNA 합성 산업화의 전기가 된 기술은 반도체 칩 제조 기술인 광학 식각법을 변형한 광유도 합성법(light-directed synthesis)이다. 광유도 합성법은 칩 위에 여러 종류의 올리고뉴클레오티드를 올려놓고서 빛을 조사한 부분에서만 특정 반응이 일어나도록 해서 필요한 것만 제외하고 나머지 올리고뉴클레오티드를 제거하는 방법이다. 이 방법을 이용하면 설계된 DNA를 대량으로 생산하는 것이 가능하다. 현재 이 분야를 선도하는 기업체는 아피메트릭스(affymetrix) 사이다.* DNA 합성의 산업화에 따라서 단위 염기 서열 길이당 합성 비용은 계속 줄어들고 있고 합성의 정확도도 날로 증가하고 있다.

이상으로 합성 생물학에서 나타나는 특별한 현상인 공학적 접근과의 융합에 대해서 살펴보았다. 생명체는 지금까지 인간이 만들어 낸 그 어떤 인공물보다 복잡한 대상이기 때문에 아직 우리는 세포 속에서 일어나는 일들에 대해서 아직 잘 모르는 것이 현실이다. 그런 상황에서도 공학적 접근법을 통해서 합성 생물학자는 생명체를 더 쉽게 다룰 수 있게 되었다. 이 전략의 성공 덕분에 현재의 합성 생물학자는 레고 블록에서 조각을 고르듯이 유전자를 골라서 원하는 유전체를 설계하고 있다. 설계한 유전체를 정형화된 조립 과정을 거쳐서 조립하면 새로운 생명체가 만들어지는 것이다. 이러한 공학적 접근은 연구와 설계뿐만 아니라 계획, 투자, 연구 공동체 조직에 이르기까지 모든 분야에서 효율성의 증대를 가져왔다. 따라서 이 전략적 융합이야말로 합성 생물학의 성공 비결이라고 할 수 있다. 다음 절에서는 공학적으로 성공을 거둔 합성 생물학이 더 전통적인 생물학 분야에까지 영향력을 확대해 나가고 있는 현상에 대해서 살펴보도록 하겠다.

* http://www.affymetrix.com/ 참조.

4. 새로운 도전

　합성 생물학의 기술적·공학적인 성공은 그 자체로 흥미로운 사실이지만 더 흥미로운 점은 합성 생물학이 여기에 머무르지 않고 기존의 이론 생물학 분야까지 영향력을 확대하고 있다는 사실이다. 처음에 공학적 접근은 실용적인 유용성을 얻기 위해서 시도되었지만, 일단 표준화와 협력을 위한 기반이 마련되고 합성 생물학 프로그램이 궤도에 오르게 되자, 기존의 전통적인 생물학에 영향을 끼치기 시작했다. 최근 합성 생물학에 관심을 가지고 있는 많은 학자들은 이 현상에 대해서 논의하고 있다. (Keller, 2009a; Morange, 2010; Rothschild, 2010)

　합성 생물학이 이론 생물학에 영향을 미치는 방식을 이해하기 위해서 '합성'이란 말의 의미를 이해할 필요가 있다. 화학에서 '합성'이란 말은 단지 어떤 물질을 화학적으로 합성해서 만들어 내는 것만을 의미하지 않는다. 화학에는 어떤 것을 만들어 보는 것을 지식을 얻는 수단으로 여겨 온 오랜 전통이 있다. 이 전통에 속하는 클로드 루이 베르톨레(Claude Louis Berthollet)나 프리드리히 아우구스트 케쿨레(Friedrich August Kekulé) 같은 화학자들은 특히 우리가 그 대상에 대해서 잘 모를 때 합성을 통한 연구가 유용하다고 생각했다.

　최초로 합성 생물학이라는 말을 만들어 낸 프랑스 생물학자 스테파네 레뒥(Stéphane Leducs)도 이 전통에 속해 있는 사람이다. (Keller, 2009a) 그는 1912년에 『합성 생물학(*La Biologie Synthetique*)』이라는 책을 출판했는데 합성 생물학이라는 용어가 이 책에서 처음으로 사용되었다. 레뒥이 관심을 가진 것은 무기 물질 구조가 마치 유기체처럼 행동하는 패턴이었다. 그는 이런 구조가 자유롭게 헤엄치거나 자기를 복제하거나 하는 것처럼 보이는 현상을 관찰했다. 그러나 그는 이런 패턴을 효율적으로 만들거나 원리를 찾는 데 관심을 갖지 않았다. 레뒥의 목표는 '생기론' 비판이었다. 그의 연구는 생물과 무

생물 사이에 본질적 차이가 존재한다는 전통적 관점에서 탈피하고 생물과 무생물 사이의 연속성을 찾는 새로운 관점을 얻는 것을 목적으로 했다.

따라서 생명체를 실제로 만들어 보고 그것이 제대로 작동하는지 살피는 작업을 하는 합성 생물학도 대상에 대한 지식을 얻게 해 준다는 면에서 보면 이론적 탐구의 일부분이라고 할 수 있다. 그런 의미에서 합성 생물학은 이론적인 과학 탐구의 일부분이라고 주장하는 학자들이 있다. (Morange, 2009; Keller, 2009a; 2009b) 이들에 따르면 합성 생물학은 단지 기술적으로 발전된 생명 공학이라고 할 수는 없으며, 기존의 유전 공학이나 분자 생물학과 같은 '분석적'인 학문과 전혀 다른 방법론에 기초하고 있다. 기존의 학문들이 대상을 쪼개고 분석해서 이해하려는 사고 틀을 가지고 있다면 합성 생물학은 기존에 알고 있는 사실을 종합적으로 이해하려는 사고 틀을 가지고 있다는 것이다.* 이 절에서는 대표적인 두 가지 사례를 통해서 합성 생물학이 이론 생물학에 영향을 끼치는 현상을 구체적으로 살펴볼 것이다.

1) 최소 유전체

첫 번째는 '최소 유전체(minimal genome)'에 관한 논의이다. 최소 유전체는 이상적인 조건에서 세포의 기능을 유지하기 위해 필수적인 최소의 유전자 집합으로 정의된다. (Koonin, 2000) 여기서 이상적 조건이란 무제한의 양분이 제공되고 경쟁이 전혀 없는 환경을 말한다. 앞 절에서 잠시 언급되었던 차대 개념과 최소 유전체 개념은 밀접한 관련이 있다. 공학적으로 차대는 시스템의 기초가 되는 부분이기 때문에 최소화될 필요가 있다. 예를 들어, 비행기의 뼈대가 너무 무겁다면 비행기가 날기 위해서 너무 많은 에너지가 필요하

---

* 하지만 합성 생물학의 방법론이 진정으로 반환원론적이며 전일론적인가에 대해서는 논란의 여지가 있다. 가령, 필자들은 합성 생물학이야말로 전형적인 분석적 탐구 방식에 근거해 있다고 믿는다.

고 무거운 뼈대는 에너지의 낭비를 불러온다. 따라서 효율적인 비행기를 설계하기 위해서는 가벼운 뼈대가 필수적으로 요구된다. 마찬가지 이유로 에너지의 낭비 없이 화학 물질을 생산하는 효과적인 세균을 만들려면 목표 물질을 생산하는 대사 경로를 제외하고 나머지 부분을 최소화해야 한다. 즉 효율적인 인공 생명체의 설계를 위해서는 꼭 필요한 기능만 가진 최소한의 차대가 요구되는 것이다. 그렇기 때문에 차대에 대한 연구는 자연스럽게 세포의 기능을 유지하기 위한 최소한의 기능만을 가진 최소 유전체에 대한 연구로 연결되었다. 최소 유전체는 공학적인 측면에서 매우 중요하기 때문에 합성 생물학에서 중요한 연구 주제이다.

그런데 합성 생물학자들은 곧 최소 유전체 개념이 전통적인 생물학이 다뤄 온 문제와 직접적으로 연관된다는 사실을 깨닫게 되었다. 생물학에서 그런 유전체는 '필수 유전자(essential gene)'라고 불린다. 생명체가 생존하기 위해 필수적인 유전자는 '생명이란 무엇인가?'라는 생물학의 근본 문제들과 연관되기 때문에 매우 중요한 문제이다. 기존의 이론 생물학은 이 문제에 대한 답을 찾기 위해 가장 단순한 세포를 찾기 위해 노력해 왔다. (Szathmary, 2005)

합성 생물학 이전에 근본적인 유전자를 찾기 위한 주된 방법은 비교 유전체학이었다. 일반적으로 두 종 간의 서열을 비교했을 때 한 유전자를 두 종이 모두 공유하고 있으면 이 유전자는 필수적인 유전자일 확률이 높다. 비교 유전체학은 다양한 종들의 유전체 정보를 모아서 비교하는 것을 통해서 공통되는 유전자의 범위를 점차 좁혀 나가는 방식으로 문제에 접근한다. 그런 식으로 범위를 계속 좁혀 나가면 결과적으로 필수적인 유전자만의 집합을 얻게 될 것이다. 그러나 문제는 동일한 기능을 하는 서로 다른 유전자(이것을 비직계 치환(nonorthologous displacements, NOD)이라고 부른다.)가 존재하기 때문에 연구에 많은 어려움이 따른다는 것이다. 즉 단지 널리 공유된다고 해서 그 유전자가 반드시 필수 유전자라고 볼 수 없는 문제가 있다. 따라서 비교 유전체학을 통해서 밝혀진 유전자는 단지 필수 유전자의 후보에 불과하다.

그런데 합성 생물학을 통해서 기존 연구가 가진 난점들을 극복할 수 있는 전기가 마련되고 있다. 합성 생물학을 통해 새롭게 제안된 최소 유전체에 대한 연구 방향은 크게 두 가지인데, 하나는 **하향식(top-down)**이라고 불리고 다른 방식은 **상향식(bottom-up)**이라고 불린다.

A. 하향식 연구: 하향식 연구는 이미 존재하는 세포의 유전자를 제거해 나가면서 생존에 필요한 최소한의 유전자를 찾는 방식이다. 즉 생존에 필요한 최소한의 유전자만 남을 때까지 세포의 유전자를 줄여 나가는 것이다. 우리는 만약 어떤 유전자를 제거한 뒤에도 그 균주가 살아남는다면 그 유전자는 필수적인 유전자가 아닐 것이라고 추정할 수 있다. 반대로 그 균주가 살아남지 못한다면 그 유전자는 필수적인 유전자일 것이라고 추정한다. 이런 방식의 연구를 하는 데 있어 한 번에 하나씩 유전자를 제거해 나가면서 연구할 수도 있는데 이것을 '순차적 결실(serial deletion) 방법'이라고 부른다. 그러나 순차적 결실 방법은 시간과 노력이 많이 소요되는 단점이 있다.

그래서 최근 주목받고 있는 방법이 '전역 트랜스포존 돌연변이 유도법(global transposon mutagenesis)'이다. 이 방법은 전체 유전체에 대해서 무작위적으로 트랜스포존 돌연변이를 유도한 다음 살아남은 돌연변이체에서 트랜스포존이 삽입된 위치의 유전자가 무엇인지 검사하는 방법이다. 살아남은 돌연변이체들이 가진 유전자는 돌연변이가 일어났는데도 불구하고 살아남았기 때문에 트랜스포존이 삽입된 위치의 유전자는 필수 유전자가 아니라고 추정할 수 있다. 이 방법은 한꺼번에 변이를 일으킨 뒤에 컴퓨터를 가지고 서열을 분석한 결과를 비교하기 때문에 순차적 결실 방법에 비해 매우 빠른 시간 안에 효율적으로 필수 유전자를 찾을 수 있다. 이 방법을 통해 소화관에 기생하는 세균의 일종인 미코플라스마 게니탈리움(*Mycoplasma genitalium*)의 525개 유전자 중에서 387개의 단백질 유전자와 43개의 RNA 유전자가 필수적이라는 사실을 밝혀냈다. (Hutchison et al., 1999; Glass et al., 2005)

B. 상향식 연구: 상향식 연구 방법은 인위적인 '합리적 설계(rational design)'을 통해 생명 유지에 필수적인 기능만을 갖춘 최소 유전체를 만드는 방식을 말한다. 하향식 연구와 달리 상향식 연구는 반드시 필요한 부분만을 조립해서 살아 있는 세포를 만드는 것을 목표로 한다. 상향식 방법이 대두된 이유는 하향식 방법을 통해서 필수 유전자를 줄이기가 쉽지 않기 때문이다. 어떤 돌연변이의 경우 두 돌연변이 중 하나만 발생했을 때는 아무 문제가 없지만, 두 돌연변이가 동시에 발생했을 경우에만 치사적인 경우가 있고 심지어 개개의 돌연변이는 치사적이지만 같이 발생했을 경우에는 치사적이지 않은 경우도 있다. 따라서 단순한 무작위 돌연변이가 아닌 체계적인(systematic) 돌연변이를 이용해야 하는데 아직까지 이 방법에 대한 연구는 초기 단계에 머무르고 있다.

그렇기 때문에 상향식 연구 방법으로의 방향 전환이 필요하다는 주장이 제기되었다. 하향식 연구 방법에서는 앞에서 언급한 것 같은 문제가 발생하기 않기 때문이다. 하향식 접근 방법의 연구는 안드레스 모야(Andrés Moya) 등의 연구가 대표적이다. (Moya et al., 2009) 하향식 방법은 기존에 존재하는 생명체의 부품을 이용하는 것이 아니라 완전히 새로운 부품을 만들어 내는 것이기 때문에 아직 살아 있는 생명체를 만들어 내는 데까지 이르지는 못하고 있는 실정이다. 그러나 상향식과 달리 하향식 방식은 실제로 최소 유전체를 만들 수 있고, 군더더기 없는 합리적 설계에 기반을 두고 있다는 장점을 가지고 있기 때문에 장기적으로는 하향식으로의 연구 방향 전환이 일어날 것이라 예상된다.

2) 유도 진화

유도 진화(directed evolution)는 돌연변이 유도(mutagenesis)와 인위 선택을 통해서 실험실에서 일종의 인공적인 진화를 일으키는 것을 말한다. 자연계에서 일어나는 진화는 오랜 시간에 걸쳐 느리게 일어나는 데 반해 유도 진화는 진화를 가속화시켜서 매우 빠른 시간 내에 결과를 얻을 수 있는 장점이 있다. 합성 생물학에서 유도 진화 과정은 크게 두 단계를 거친다. 먼저 다양한 방법을 사용해서 돌연변이를 유도한다. 그리고 다양한 수단을 사용해서 원하는 돌연변이체가 선택되도록 한다. 이 두 단계를 반복하면 진화를 인공적으로 흉내 내는 일이 가능해진다.

유도 진화는 최소 유전체와 마찬가지로 처음에는 공학적인 유용성 때문에 주목을 받았다. 유도 진화 방법은 설계된 시스템을 최적화하거나 최적의 솔루션을 찾는 데 유용하게 사용될 수 있다. (Yokobayashi et al., 2002; Dougherty et al., 2009) 계산 과학자들은 난제를 풀기 위해 컴퓨터상에서 가상의 진화 과정을 일으키는 유전자 알고리듬(genetic algorithm)을 사용하고는 하는데, 합성 생물학자들이 바로 그 방법을 현실에 존재하는 생명체에 적용한 것이다. 예를 들어, 특정 효소를 최대한 효율적으로 생산하는 미생물을 설계하기 위해서 연구자는 인위적으로 돌연변이를 일으키고 목표하는 기능을 가장 잘 수행하는 균주를 선택하는 작업을 반복함으로써 최적화된 모듈의 설계를 찾을 수 있다. 유도 진화는 단독으로 사용될 수도 있지만, 이미 설계된 시스템을 최적화하는 데 사용하면 더 효과적이다.

그런데 흥미로운 점은 유도 진화가 기존의 진화론 연구에도 중요한 함의를 가진다는 사실이다. (Morange, 2009; Ray, 1994) 찰스 다윈이 『종의 기원』을 출판한 이래, 진화론은 항상 증거의 부족 때문에 곤란을 겪어 왔다. 어떤 생물이 화석으로 남기 위해서는 아주 특별한 조건을 만족시켜야 하기 때문에 화석 증거는 매우 희귀하고 진화는 오랜 시간에 걸쳐 일어나기 때문에 이론을 검증하기도 어렵다. 바로 그 이유 때문에 종종 진화론은 과학의 지위를 의심받기도 했다. 그러나 유도 진화 방법을 사용하면 진화를 가속화시킬 수 있기 때문에, 진화적 가설을 실제로 실험실에서 시험하는 일이 가능해진다. 예를 들면, 린 마굴리스(Lynn Margulis)가 주장한 '공생설' 같은 이론을 유도 진화를 통해서 시험하는 것이 가능해질 수 있다. 마굴리스는 단세포 생물이 공생을 통해서 다세포 생물이 되었다는 공생설을 주장했는데, 현재 이 이론은 학계에서 거의 입증된 사실로 받아들여지고 있다. 그러나 그녀의 이론이 정설로 받아들여지기까지 거의 30년의 시간이 소요되었다.* 이처럼 진화 이론은 발전이 더디고 입증이 어렵다.

　게다가 현재 살아 있는 생물은 생명의 역사 속에 있는 전체 생물의 극히 일부분에 불과하다. 이미 멸종되어 사라졌는데도 불구하고 화석을 남기지 못한 수많은 종들을 연구할 수 있는 방법은 지금까지는 없었다. 합성 생물학과 유도 진화를 이용하면 단지 가능성으로만 존재하는 생명체들을 실제로 만들고 진화시켜 봄으로써 지금까지 알지 못했던 새로운 대상들에 대한 연구가 가능해질 것이다. (Rothschild, 2010) 예를 들면, 원시 연체동물은 뼈가 없기 때문에 화석으로 남지 않는다. 현재 우리는 이들이 남긴 흔적만을 가지고 추정하고 있을 따름이다. 장래에는 합성 생물학과 유도 진화를 통해서 진화의 역사를 재구성함으로써 지금까지 연구가 불가능했던 동물에 대한 연구도 할 수 있을 것이다. 아직까지 유도 진화를 이용한 진화론적 연구의 실질적인 결과가 얻어진 바는 없다. 그러나 멀지 않은 시기에 유도 진화를 통해 얻은 결과와 기존 진화론의 데이터를 비교하는 연구 결과가 나올 것으로 보인다.

　이상으로 합성 생물학이 전통적인 이론 생물학 연구에 영향을 주고 있는 대표적인 사례를 살펴보았다. 분명한 사실은 합성 생물학이 실용적인 성과들에만 그치지 않고 기존 생물학에 새로운 과제와 참신한 분석 틀을 제공해 주고 있다는 점이다.

---

* 린 마굴리스의 책(마굴리스, 2007)에는 그녀가 자신의 이론을 증명하기까지 겪었던 수많은 어려움이 묘사되어 있다.

5. 합성 생물학과 성공적 융합

　지금까지의 논의를 종합해 보면 현재 합성 생물학의 현재 위치를 평가할 수 있다. 합성 생물학은 처음에 공학적인 목표를 가지고 출발했다. 그런데 이 목표를 달성하는 데 성공을 거두게 되자 합성 생물학은 공학의 영역을 넘어 이론 생물학으로 영역을 확대하고 있다. 마지막으로 이 절에서는 합성 생물학에서 일어난 융합이 왜 성공을 거둘 수 있었는지를 살펴보고 그 이유가 기존 융합 논의에 어떤 시사점을 주고 있는지 생각해 보자.

　먼저 공학적 전략의 도입이 성공을 거둘 수 있었던 첫 번째 이유는 생물학과 공학이 다루는 대상이 가지는 성격이 유사하다는 데서 찾을 수 있다. 생물학, 특히 분자 생물학이 다루는 생명체의 미세한 구성물들은 그 자체로도 대단히 복잡할 뿐만 아니라 혼란스럽게 서로 뒤얽혀 있다. 더구나 그것들은 매우 작기 때문에 관찰하기도 어렵다. 그런데 공학자들 또한 이와 비슷한 상황에 있었다. 공학이 다루는 대상은 실제 세계에 존재하는 물질이고 그런 물질들은 항상 이론적 예측과 벗어날 가능성을 내포하고 있기 때문이다. 예를 들어 전기 공학에서 다루는 대상인 저항은 아무리 잘 만들어도 저항값이 허용 기준치를 벗어날 가능성을 가지고 있다. 부품 몇 개 정도를 가지고 물건을 만들 때에는 그것이 그리 큰 문제가 되지 않는다. 그러나 그런 부품이 수천수만 개가 모인 거대 시스템의 경우에는 문제가 다르다. 그 경우 문제가 발생했을 때 이론만으로 문제 해결이 불가능한 상황에 이르기도 한다. 공학은 그런 조건에서 생산물의 예측 가능성과 신뢰성을 높이기 위한 노하우와 전략을 오래전부터 연구해 왔다. 표준화, 분할, 추상화와 같은 고전적인 공학적 전략은 그런 경험과 노하우가 집약된 것이라고 할 수 있다. 따라서 목표로 삼은 대상물이 가지는 성격을 잘 파악하고 유사한 경험을 가진 다른 분야와의 전략적 협력을 꾀한 것이 합성 생물학의 융합 성공의 첫 번째 이유라고 할 수 있다.

　　두 번째 이유는 '소통'에서 찾을 수 있다. 합성 생물학은 이전의 논의와 다른 형태의 소통 모형을 제안하고 있다. 기존 논의는 대부분 연구원 간의 인간 대 인간의 소통 문제를 다뤄 왔다. 예컨대 과학사 학자 피터 갤리슨의 '교역 지대(trade zone)' 개념은 서로 다른 분야의 연구원들이 서로의 언어에 접근해 가고 새로운 의미를 만들어 간다는 것을 보여 준다. (Galison, 1997) 그러나 합성 생물학은 다른 차원의 소통에 대한 시사점을 주고 있다. 앞서 논의된 것처럼 합성 생물학의 핵심 키워드는 '표준화'인데 표준화된 바이오브릭의 부품 번호를 이용하면 우리는 어떤 분야의 연구자와도 서로 동일한 대상에 대해서 이야기하고 있다는 확신을 가지고 대화에 참여할 수가 있다. 지금까지 분자 생물학에서 다루는 대상들은 명확하지 않았다. 예를 들어, 어떤 연구자가 대장균을 실험에 사용했다고 하자. 그런데 실험에 사용되는 대장균은 어디서 배양된 균주인지에 따라 조금씩 다른 특성을 가지고 있다. 그렇기 때문에 다른 연구자가 실험을 동일하게 재연한다고 해도 결과는 조금씩 다르게 나타나기 마련이었다. 하지만 합성 생물학의 표준화는 공동 연구 프로젝트에 사용되는 재료(material)와 자원(resource)의 소통을 보장해 주고 또한 결과물을 통한 연구 내용의 교류를 보장해 줄 수 있다. 이런 방식의 소통은 산업 혁명 이후에는 너무 일반화되어서 누구나 당연하게 생각하는 것인데도 생물학에서 이런 방향의 시도가 합성 생물학이 등장한 이후에야 이루어졌다는 사실은 놀라움을 안겨 줄 정도이다.

　　세 번째 이유는 '협력'에서 찾을 수 있다. 합성 생물학에 적용된 '추상화' 전략은 세련된 형태의 협력 모형을 제공해 준다. 각 분야 간의 협력은 특정 '목표'를 공유할 때 일어날 수 있다. 그런데 대부분의 경우 협력은 실패하기 십상이다. "사공이 많으면 배가 산으로 간다."라는 우리 속담처럼 많은 경우 협력의 결과 이도저도 아닌 것이 되기 쉽기 때문이다. 그러나 합성 생물학이 제안하는 추상화 모형에서는 다른 층위에서 작업하는 연구자와 꼭 필요한 정보 채널을 제외하고 다른 정보는 차단된다. 역설적으로 들릴 수도 있지만 이 전략은 협력하고 있는 각 분야의 독립성이 지켜져야지만 협력이 이루어질 수 있다는 것을 보여 준다. 협력은 오히려 각 분야의 전문성과 독립성이 인정될 때에 더 잘 이루어질 수 있는 것이다.

요약하면 합성 생물학은 목표하는 대상물의 성격이 융합 전략을 선택하는 데 있어 본질적으로 중요한 요소임을 보여 준다. 따라서 융합이 성공하려면 목표에 대한 정확한 파악이 선행되어야 할 것이다. 또한 합성 생물학이 보여 주는 소통의 기반과 협력 모형은 단순한 의사 소통만이 아니라 결과물과 부품의 유통을 보장해 주고 타 분야 간 연구자의 협력을 도와주는 것이 융합의 성공을 위한 훌륭한 기반이 된다는 것을 말해 준다. 따라서 합성 생물학은 흥미로운 학문 간 융합의 성공 사례로서 융합에 대한 연구를 위한 좋은 모형이 될 수 있다.

전진권(한양 대학교 강사)

장대익(서울 대학교 자유전공학부 교수)

3부

융합의
확장

6장 융합의 관점에서 새롭게 해석한 적정 기술 운동

I. 오래된 융합, 적정 기술

현대는 '융합의 시대'라고 말해도 과언이 아닐 것이다. 21세기의 첫 10년 동안 '융합'은 자연 과학을 비롯하여 인문·사회 과학, 예술, 산업 등 다양한 분야에서 그동안 풀리지 않았던 난제들을 해결하고 누구도 상상하지 못했던 결과를 만들어 내는 연금술로 간주되어 왔다. 물론 서로 다른 과학 기술 분야의 전문가들이 협력하여 학제간(interdisciplinary) 연구를 진행하거나(Collins et al., 2007; Bronstein, 2003), 생화학이나 분자 생물학 등과 같이 서로 다른 학문 영역이나 방법론이 합쳐져 새로운 분과가 확립되는 경우는 과학사에서 종종 관찰할 수 있는 자연스러운 현상이며, 보다 당위적인 차원에서 인문학과 자연 과학 사이에서 원활한 소통과 협력이 이루어질 때 창조적이고 바람직한 결과가 도출될 수 있다는 주장 역시 오래전부터 제기되었다.(Snow, 1959) 그러나 본격적으로 융합이 새로운 지식과 기술을 창조해 내는 원동력이자 적극적으로 추구해야 할 방법과 태도로서 강조되기 시작한 것은 2000년대 초반부터일 것이다. 현재까지도 사그라지지 않는 융합에 대한 갈망은 전문화, 파편화된 현대의 학문 분과 체계에 대한 문제 의식에서 비롯되었다고 볼 수 있다. 서로 다른 지식과 기술, 관점 등을 섞는 과정에서 보다 창의적인 지식과 새로운 가치가 창출될 수 있다는 것이다.

지금까지 과학 기술과 관련하여 추진된 융합의 흐름은 그것이 추구하는 목표에 따라 크게 두 가지로 구분할 수 있다. 우선, 새로운 과학 지식의 탄생이나 기술적 혁신을 이루는 지름길로서 추진되는 융합이 있는데, 이것을 가장 잘 보여 주는 예가 NBIC 융합(NBIC convergence)이다. 2001년 12월 미국 과학 재단(NSF)과 상무부는「인간 활동의 향상을 위한 기술의 융합(Converging Technologies for Improving Human Performance)」이라는 보고서에서 나노 기술(NT), 생명 공학 기술(BT), 정보 기술(IT), 인지 과학(cognitive science) 기술을 4대 핵심 기술로 꼽으며, 이 기술들이 상호 결합된 융합 기술(convergence technology, CT)이 2020년까지 인류의 생산성을 높이고 삶의 질을 획기적으로 개선할 것이라고 예측했다. 또한, 뇌과학이나 진화 심리학, 복잡성 과학 등의 분야는 자연 과학이나 공학, 인문학 분과들 사이의 학제간 협동 연구를 통해 자연과 인간, 사회에 대한 새로운 이해를 낳고 있다. (이인식, 2008; 2010)

이러한 융합이 주로 지적인 혁신과 첨단 기술 개발을 목표로 하고 있다면, 또 다른 한편에서는 다양한 분과의 상이한 관점과 방법론을 융합하는 과정에서 보다 성찰적이고 전체적인 통찰이 가능해진다는 점에서 의의를 찾는다. 이러한 융합은 사회학, 윤리학 등의 인문학 분야와 과학 기술 분야의 전문가들이 함께 협력하는 가운데 이루어지며, 이 과정에서 과학 기술과 사회의 관계에 대한 고민이 더해지고 과학 기술의 발전 방향에 대해 비판적으로 검토하는 기회가 마련된다. 생명 과학의 발전이 야기할 수 있는 윤리적·법적·사회적 문제를 다루는 생명 윤리 분야, 환경 보존과 기술적·경제적 발전의 양립을 꾀하는 생태 경제학 및 환경 윤리 분야, 나노 기술이나 인터넷과 같은 신기술과 관련된 문제들에 대한 논의 등에서 다양한 분과의 전문가들이 함께 고민하고 대비하는 움직임을 관찰할 수 있다. (이인식, 2008; 2010) 이렇게 융합은 과학 기술 분야에서 혁신을 이루는 가장 효과적인 방법으로서, 또는 과학 기술과 사회의 바람직한 관계를 정립할 수 있도록 도와주는 방법으로서 여러 분야에서 조금씩 다른 목적을 가지고 다양한 방법으로 추구되고 있다. 이제는 새롭게 떠오르는 분야나 인기를 끄는 첨단 제품은 대부분 '융합'이라는 휘장을 달고 있을 정도로, 융합은 최고의 성능과 최선의 가치를 상징하고 있다.

이러한 분위기 속에서 조금은 다른 의미에서 융합 기술의 하나로 꼽히는 분야가 있는데, 바로 **적정 기술(appropriate technology)**이 그것이다. 적정 기술 개념은 1960년대에 에른스트 슈마허(Ernst F. Schumacher)가 제시한 중간 기술(intermediate technology)이라는 개념을 모체로 발전된 것으로, 여기에 담긴 철학은 그 기원이 마하트마 간디(Mahatma Gandhi)의 운동으로 거슬러 올라갈 만큼 긴 역사를 지닌다. 우리나라에서는 2000년대 중반부터 적정 기술 운동이 본격적으로 시작되었는데, 최근까지도 적정 기술과 관련된 학회와 기관이 만들어지고, 전문 학술지 및 서적이 출판되는 등, 적정 기술에 대한 관심과 열의는 계속 높아지고 있다. 기술 혜택을 누리지 못하는 계층을 위해 개발되는 적정 기술은 대표적인 융합 기술로 간주되는데, 일례로 2011년에 개최된 국제 학회 '콘테크 2011: 국제 융합 기술 심포지엄(ConTech 2011: International Symposium on Convergence Technologies)'에서는 보다 편리하면서 동시에 인간적인 세상을 실현하기 위한 융합 기술로 생명 의료 기술, 데이터 마이닝(data mining) 기술, 그리고 적정 기술을 꼽았다. 적정 기술에서 나타나는 융합이 무엇인가에 대해서는 각자 의견이 분분할 수 있지만, 적정 기술에 담긴 철학이나 적정 기술 개발 활동이 이루어지는 과정을 아는 사람이라면, 적정 기술이 일종의 융합 기술이라는 데에는 쉽게 동의할 것이다. 그만큼 적정 기술에는 여러 차원의 융합들이 포함되어 있다.

적정 기술에서 일어나는 융합은 최전선의 기술 혁신을 낳는 협동, 완전히 모순되는 관점과 가치의 융화에 국한되지는 않는다. 오히려 적정 기술의 철학과 실행에서 중요하다고 강조되는 조화와 협력은 오래전부터 당연히 요구되어 온 융합으로, 현대의 첨단 과학 기술 개발 체제가 망각해 온 순리이자 과제이기도 하다. 이 글에서는 적정 기술이 품고 있는 여러 종류의 융합을 조명함으로써, 적정 기술 개념이 갖는 독특한 의미와 적정 기술의 개발 과정에 대해 보다 깊이 이해하고, 다른 한편으로는 우리 사회에서 융합이 일어나는 과정과 결과, 그리고 그 지향점에 대해 생각해 볼 것이다.

2. 적정 기술의 철학: 세계화와 지역성의 조화

지금까지 개발된 적정 기술로는 빈민의 생존 및 필수적인 의식주와 관련된 구호 제품부터 지역의 교통 문제, 에너지 문제, 교육 문제 등을 해결하는 기술, 나아가 지역의 경제적 자립과 발전을 돕는 기술에 이르기까지 다양한 기능과 수준의 기술이 존재한다. 또한 제3세계의 빈곤 지역을 위해 개발된 적정 기술이 선진국으로 확산되기도 하고, 애초에 선진국을 대상으로 개발되는 대체 기술도 적정 기술의 스펙트럼에 포함된다. 즉 적정 기술이라는 테두리 안에는 다양한 목적에서 개발되고 서로 다른 의미를 지니며 사용되는 기술들이 섞여서 존재한다. 그 종류의 다양성만큼, 적정 기술이라는 개념의 의미와 가치도 여러 갈래를 이룬다. 이것을 이해하기 위해서는 먼저 적정 기술의 개념이 확립되고 의미가 형성되어 온 역사를 살펴보아야 한다.

적정 기술의 기원으로는 영국에 대한 비폭력 저항 운동의 일환이었던 간디의 스와데시(swadeshi), 스와라지(swaraj) 운동이 꼽히곤 한다. (손화철, 2009; Bakker, 1990) 산업 혁명 당시 영국의 값싼 직물이 인도로 흘러 들어오자, 간디는 물레로 직접 실을 자아 옷을 만들어 입는 운동을 벌인다. 물레는 당시 영국으로부터 도입된 대량 생산 방직 기술과 대비되는 전통 기술로서, 저소득 계층이 직접 생산에 참여해 경제적으로 자립할 수 있도록 돕고 자국의 섬

유 산업 발전에 기여함으로써 인도 국민의 삶을 궁극적으로 개선할 수 있는 적정 기술이었던 것이다. 인도에는 지금까지도 이러한 간디의 철학이 이어지고 있으며, 마을 공동체 차원에서 부딪히는 문제에 대해 지속 가능한 해결 방안을 찾아 제공하는 배어풋 대학(Barefoot College)과 적정 기술 센터가 곳곳에서 운영되고 있다. (나눔과기술, 2011)

간디의 저항 운동은 슈마허를 비롯해 1960년대에 세계의 빈부 양극화 문제와 제3세계의 경제적·기술적·사회적 문제에 대해 고민하던 여러 학자들에게 영감을 주었다. (Winner, 1986) 슈마허는 근대 세계의 거대 기술은 규모, 속도, 힘 측면에서 스스로를 제한하는 원리를 인정하지 않으며, 생태계를 파괴하고 한정된 자원을 낭비한다고 비판하면서, 이러한 기술로는 진정한 의미의 개발을 달성할 수 없다고 보았다. (Schumacher, 1973) 그는 1964년 유네스코 연설에서 남반구의 빈곤 문제를 악화시키는 원시적 도구들과 북반구의 대량 생산 기술 사이에 있는 적합한 규모의 기술인 '중간 기술'의 필요성을 설파했다. 중간 기술은 현지의 재료와 적은 자본, 비교적 간단한 기술을 사용하는 소규모 기술로서, 그 지역에 일자리를 창출해 인간의 창조성과 노동력을 앗아 가지 않는 자조의 기술, 민중의 기술이다. 슈마허는 1966년, ITDG(Intermediate Technology Development Group, 프랙티컬 액션(Practical Action)의 전신)를 설립해, 선진국과 개발도상국의 경제적·기술적 격차 문제를 해결하는 데 주력했다. 1973년에 출판된 슈마허의 저서 『작은 것이 아름답다(*Small is Beautiful*)』는 제3세계에 대한 기술적 원조의 효과가 높지 않다는 평가와 환경 파괴, 자원 고갈 등 산업 사회의 병폐에 대한 우려의 목소리와 맞물려 전 세계적으로 널리 읽혔다.

슈마허가 제시한 중간 기술 개념은 제3세계에 적합한 기술이자, 선진국의 거대 기술의 부작용을 막을 수 있는 대안 기술을 의미하며, 이러한 개념들을 포괄하는 개념으로서 적정 기술(appropriate technology)이라는 용어가 빈번히 사용되기 시작했다. 당시 ITDG에서 에너지 부문의 전문가이자 의장으로 활동하던 공학자 피터 둔(Peter D. Dunn) 역시 슈마허와 마찬가지로 선진국과 제3세계, 도시 지역과 농촌 지역 사이의 빈부 양극화 문제를 해결하기 위해서는 해당 지역의 주민들에게 일자리를 공급하면서 자립에 도움이 되는 기술을 개발하고 지원하는 활동이 필요하다고 보았다. 둔을 비롯한 당시 활동가들은 '중간'이라는 용어가 자칫 기술적으로 미완의 단계를 의미하거나 첨단 기술보다 열등하다는 느낌을 줄 수 있기 때문에 '적정 기술'이라는 용어를 선호했다. 이들에게 적정 기술은 단순히 공학적 기구나 기법만을 암시하는 것이 아니라, 기술 개발 및 관리와 관련된 사회적·문화적 측면들이 모두 포함된 개념이다. 또한, 적정 기술을 개발하고 적용하는 과정은 선진국의 정치적 입장에 따르는 것이 아니라, 해당 사회 및 국가의 개발 방향이나 목표에 맞추어져야 한다는 점이 강조되었다. (Dunn, 1979)

간디의 자립 경제 철학, 슈마허의 중간 기술 운동 등에서 공통적으로 관찰할 수 있듯이, 적정 기술은 현대 사회에서 올바른 개발이 어떻게 달성되어야 하는지, 이것을 위해 필요한 기술은 어떤 것인지 고민하는 과정에서 확립된 개념이자 철학이라고 볼 수 있다. 1960년대 후반과 1970년대에 걸쳐 적정 기술에 대한 관심이 점점 높아지면서, 관련 연구 기관과 정책 부서가 속속 설립되었다. 영국의 ITDG가 주로 개발도상국의 빈곤 문제 해결에 초점을 맞추었다면, 1969년에 미국에 설립된 신연금술 연구소(New Alchemy Institute, 그린 센터(The Green Center)의 전신), 패럴론 연구소(Farallons Institute) 등은 생태학적인 관점에서 물, 에너지, 건축과 관련된 대안 기술을 개발하는 연구를 진행했다. 한편, 미국의 카터 행정부는 에너지 보존 방안을 마련하기 위해 고심하던 차에, 1976년에는 국립 적정 기술 센터(National Center for Appropriate Technology, NCAT)를 설립했고, 백악관에 태양광 패널을 설치하기도 했다.

이렇게 1970년대까지 유행하던 적정 기술 운동은 1980년대에 들어서면서 한 차례 몰락을 겪는다. 우선, 적정 기술이 제3세계의 빈곤 문제 등 당시의 경제 구조가 야기하는 경제적·사회적 문제를 해결하는 데 그리 효과적이지 않다는 비판이 등장했고, 한편으로는 유가가 하락하면서 당시의 경제 구조가 갖는 취약성을 지적하는 슈마허의 문제 제기가 힘을 잃었다. 또한, 미국과 (구)소련의 대결 구도 속에서 거대 기술을 개발하는 대형 과제들이 빈번히 채택되면서 작은 규모의 기술을 지향하는 적정 기술 운동이 쇠퇴하게 되었다. 한편으로는 대규모 공업 시설을 기반으로 급속도로 경제 발전을 이룬 한국과 대만 등의 사례가 밝혀지면서, 소규모 경제를 추구하는 적정 기술의 철학이 제3세계의 빈곤 문제를 해결하는 현실적인 대안이라기보다는 이상적이고 낭만적인 사조에 불과하다는 인식이 확산되었다. (Pursell, 1993) 각국의 경제가 통합되고 규모의 경제를 실현한 글로벌 기업들이 활약하는 세계화(globalization)의 시대에 적정 기술이 추구하는 삶의 방식이 저절로 조화되기란 어려울 것이다.

그러나 한편으로는 세계화 현상이 적정 기술의 개발을 북돋는 측면도 존재한다. 1970년대 후반부터는 그 전까지 고조되어 온 환경 위기 문제를 국제적인 관점에서 바라보고 해결하려는 움직임이 시작된다. 당시 '지속 가능한 개발(sustainable development)'이라는 개념이 만들어지는데, 여기서는 보존(conservation)과 개발(development)이 양립 가능할 뿐 아니라 상호 의존적이라는 것을 전제로, 빈부 양극화 문제와 환경 위기 문제 등 기존의 국민 국가 틀 내에서는 해결하기 어려운 초국적 문제를 해결하기 위해서는 세계적인 차원에서 새로운 질서가 요구된다는 점이 강조되었다. 이후 발표된 여러 국제적 협약들, 예컨대 1987년에 발표된 브룬트란트 보고서와 1992년의 리우 선언, 1997년의 교토 의정서 등은 환경적·사회적으로 지속 가능한 발전을 이루기 위해 국가 간 권력 관계의 균형, 그리고 제3세계의 빈곤 문제에 대한 선진국의 책임과 지원을 강조해 왔다. (Irwin, 2001)

이러한 문제 의식은 2000년 국제 연합(UN)의 새천년 개발 목표(Millenium Development Goals, MDGs)에도 이어져, 세계의 빈곤 문제를 해결하는 가장 구체적인 방안으로서 개발도상국에 대한 선진국의 공적 개발 원조(Official

Development Assistance, ODA)의 규모와 효과성을 높이려는 노력이 이루어지고 있다. 우리나라는 2010년에 OECD 개발 원조 위원회(DAC) 회원국이 되면서, 공식적으로 공여국 대열에 합류했다.

요컨대, 지속 가능한 개발 담론에서 세계화의 관점은 제3세계의 빈곤 문제를 전 세계적 문제로 규정하고 세계 각국, 특히 선진국에 책임을 분배하는 기능을 했다고 볼 수 있으며, 이러한 논의에서 적정 기술은 적절한 규모와 성격의 기술로서 수원국의 경제적인 자립을 돕는 근본적인 차원의 원조 방안으로 부각되고 있는 것이다.

3. 적정 기술 운동의 확산: 기술 원조와 디자인 혁명

적정 기술은 경제적·사회적·기술적으로 낙후된 개발도상국의 발전 문제를 논하는 과정에서 그 개념과 철학이 상당 부분 형성되었다고 볼 수 있다. (Hazeltine and Bull, 2003) 이러한 적정 기술 개념의 의미를 보다 깊이 이해하기 위해서는 간디와 같은 정치적 지도자, 슈마허와 같은 경제학자 등에게서 나타나는 적정 기술의 철학과 개념뿐 아니라, 적정 기술을 개발하는 전문가들의 활동과 목소리에 주목하고, 그들이 적정 기술을 바라보는 관점을 이해할 필요가 있다.

과학 기술자들이 주도한 기술 원조 운동은 1950년대부터 찾아볼 수 있다. 1949년에 트루먼 정부가 발표한 포인트 포 계획(Point Four Program)은 개발도상국에 대한 투자의 생산성을 높이기 위해서는 기술 원조가 필요함을 강조했는데, 여기서 기술 원조는 경제 개발을 위한 기술적·과학적·경영학적 지식을 전수하는 것과 생산 기업을 설립하기 위한 기구와 재정을 보조하는 것을 의미했다. 정부 차원에서의 기술 원조와 맞물려, 과학 기술 전문가들은 자발적으로 VITA(Volunteers in Technical Assistance) 등의 조직을 만들어 빈곤 집단의 사회적·경제적 개발을 돕기 시작했다. (Pursell, 1993) 과학 기술자들의 원조 운동에서 중요하게 강조된 점은 현지에서 구할 수 있는 적절한 자원을 사용하여 해당 지역의 사회적·경제적 개발을 위한 주민들의 요구를 만족시키는 것이었다.

1960년대에 들어서는 미국과 (구)소련이 과학 기술을 앞세운 슈퍼 파워 경쟁에 나서고, 패전국인 일본과 독일이 기술 개발을 통한 산업화로 재기에 성공하면서 기술이 경제 발전의 주요 동인으로 주목받기 시작했다. 이어 1970년대를 전후로 제3세계에 대한 공적인 차원의 원조와 적정 기술 운동이 보다 긴밀히 연결된다. 1969년에는 영국의 ITDG에서 중간 기술 컨설턴트(Intermediate Technology Consultants, 프랙티컬 액션 컨설턴트(Practical Action Consulting)의 전신)를 설립해 세계 은행(World Bank) 등의 기관에 적정 기술과 관련된 지원을 제공하기 시작했다. 또한, UN은 영국 서섹스 대학의 IDS(Institute of Development Studies)와 SPRU(Science and Technology Policy Research)에 개발도상국의 발전을 위한 과학 기술에 대한 자문을 구했고, 그 결과물로 1970년에 「제2의 개발 연대의 개발도상국을 위한 과학과 기술(Science and Technology to Developing Countries during the Second Development Decade)」이라는 제목의 보고서가 발표되었다. 소위 「서섹스 선언(Sussex Manifesto)」이라고 불리는 이 보고서는 개발도상국의 발전을 위해서 과학 기술이 중요하다는 점을 널리 알렸고, 선진국의 대개도국 과학 기술 원조를 확대해야 한다고 강하게 주장했다. (Singer et al., 1970)

지금까지도 (적정) 기술 개발은 빈곤한 지역의 경제적·사회적 개발을 달성하는 데 있어서 매우 유용한 방법으로 간주되고 있으며, 이에 적정 기술과 관련된 공식적·비공식적 단체 및 연구소, 공과 대학의 교육 과정 등에서 수많은 과학 기술 전문가들이 적정 기술 개발에 힘쓰고 있다. 슈마허가 설립한 ITDG의 후신인 영국의 프랙티컬 액션은 기술이 단순히 소비자의 욕구를 만족시키는 대상이 아니라 빈곤 문제를 극복하고 세상을 바꿀 수 있는 강력한 힘을 가진 것이라고 보고, 그간의 기술에 대한 접근과 관리 방식을 탈피하고 '기술 정의(technology justice)'를 실현하는 것을 목표로 한다. 그 외에도 미국의 국립 적정 기술 센터(National Center for Appropriate Technology, NCAT), 독일 국제 협력단(Deutsche Gesellschaft fur Internationale Zusammenarbeit, GIZ), 네덜란드 개발 기관(Stichting Nederlandse Vrijwilligers, SNV) 등 국가적 차원에서 여러 단체들이 빈곤 퇴치와 기술적 평등을 실현하기 위해 노력하고 있다. 한편, 2010년에는 서섹스 그룹 기반의 연구 기관인 STEPS(Social, Technological and Environmental Pathways to Sustainability) 센터에서 "혁신, 지속 가능성, 개발(Innovation, Sustainability, Development)"이라는 제목으로 「새로운 선언(New Manifesto)」이 발표되었는데, 여기서는 과학 기술 개발과 혁신 활동이 보다 지속 가능하고 공정한 해결 방안을 찾는 방향으로 진행되어야 한다는 점이 강조되었다. 이를 위해, 지속 가능성이라는 특정한 목적을 향한 방향성(Directionality), 비용, 위험, 이익의 공평한 분배(Distribution), 사회-기술-생태적 체계의 다양성(Diversity)이라는 '3D 어젠더'를 설정했다. 이렇게, 과학 기술자들은 환경적으로 지속 가능하고 사회적으로 평등한 국제 관계를 만들기 위해, 빈곤 국가를 대상으로 한 기술 원조에 지속적인 노력을 기울이고 있다. 이때, 해당 사회가 요구하는 목표를 설정하고 그에 맞는 형태의 기술을 개발하는 것, 즉 지역적 특수성을 고려하는 과정이 가장 중요하게 요구된다. (Stirling, 2009)

　실제로 현재 적정 기술 개발에 몸담고 있는 과학 기술 전문가들은 이구동성으로 기술을 사용하는 사람과 장소, 맥락에 대한 고려가 가장 중요하다고 강조한다. 일례로, 제3세계의 아이들을 위해 개발된 초저가 노트북 OLPC(One Laptop per Child)의 개발자인 니콜라스 네그로폰테(Nicholas Negroponte) MIT 교수는 "기술을 개발하는 것"과 "이것을 사용하는 것"을 별개로 생각하지 않고 하나의 철학으로 묶는 것이 중요하다고 말한다. OLPC는 모든 아이들에게 교육의 기회를 제공해야 한다는 목적에서 기능과 가격이 사용자와 사용 환경에 맞추어 설계된다. OLPC는 가혹한 자연 환경 속에서도 잘 망가지지 않을 만큼 튼튼하고, 인터넷 전산망이 잘 갖추어지지 않은 곳에서도 사용 가능한 프로그램이 설치되어 있으며, 제3세계의 아이들에게 충분히 보급될 수 있도록 100달러 이하로 가격을 낮추어 가고 있다. 이 프로젝트를 추진하는 사람들은 자신들의 목적이 OLPC를 팔기 위한 것이 아니라고 강조한다. 즉 여기서 아이들은 '시장(market)'이 아니라 '임무(mission)'이며, 과학과 기술은 휴머니즘을 구현하기 위한 최고의 도구이다. (Arboleda, 2011) 현대 사회의 휴머니즘은 과학과 기술의 혜택을 모두가 골고루 누리도록 하는 것이며, 제품을 설계할 때 그것이 사용되는 맥락을 최대한 반영하는 것이 바로 이러한 휴머니즘을 실현해 가는 과정이라는 것이다. 사용자에 대한 이해와 반영은 적절한 기술, 성공하는 기술을 설계하기 위한 전제 조건이며, 이때 그 적정 기술을 사용하는 사람은 단순한 소비자라기보다는 과학 기술의 발전이 가져온 혜택을 마땅히 누려야 할 형제라는 것이다.

　이렇게 인도주의적인 차원에서 적정 기술의 개발과 지원을 강조하는 과학 기술자들이 있는가 하면, 다른 한편으로는 오히려 철저하게 상업적 기업가의 관점에서 적정 기술 운동을 추진하는 활동가들도 존재한다. 대표적으로 IDE(International Development Enterprises)의 설립자이자 『빈곤으로부터의 탈출(Out of Poverty)』의 저자인 폴 폴락(Paul Polak)을 들 수 있다. 그는 기존의 "기부의 방식"이 적정 기술을 실패로 이끌었다고 보고, 적정 기술은 좋은 의도를 가진 서투른 수선쟁이보다는 냉정한 기업가에 의해 개발되어야 성공할 수 있다고 말한다. (Polak, 2007) 이러한 '시장 지향적 접근'은 그간 기술 설계 과정에서 고려되지 않았던 소외된 90퍼센트의 빈곤 계층을 자선의 대상이 아니라 고객으로 바라보고, 그들이 필요한 물건을 사기 위해 얼마를 지불할 수 있고 얼마를 낼 의향이 있는지 배움으로써 적정한 가격의 디자인을 실현하는 것을 목표로 삼는다. 전 세계 인구의 대다수를 차지하는 빈곤층 소비자들의 관심을 끌기 위해 기술을 소형화하고, 저렴한 가격을 끊임없이 추구하고, 무한한 확장이 가능한 기술을 만드는 것은 지불 능력이 막강한 소수의 소비자들을 중심 대상으로 삼아 온 기존의 주류 상업 제품 설계 경향을 정면으로 비판하는 '디자인 혁명'이다. (Smith, 2007) 이러한 디자인 혁명은 소비주의와 물질주의를 부추기는 주류 상업 디자인에 대한 문제 제기, 제3세계를 위한 디자인에 대한 논의, 생태적으로 적절한 디자인에 대한 추구, 디자인을 통해 즉각적이고 목적 있는 행동을 실현하는 디자인계의 임시변통주의 등 디자인을 중심으로 한 다양한 고민과 실천의 흐름 속에서 형성되었다고 볼 수 있다. (Woodham, 1977) 2007년 뉴욕에서 개최된 '소외된 90퍼센트를 위한 디자인' 전시회는 다시 한번 적정 기술 운동을 북돋는 중요한 기폭제로 작용하고 있다.

이처럼 적정 기술에 대한 시장 지향적인 접근은 적정 기술이 새로운 고객을 발굴하여 이윤을 달성하는 기업 활동과도 모순되지 않는다는 점을 보여 줌으로써 NGO나 정부 기관뿐 아니라 기업이 적정 기술 개발에 참여할 수 있는 활로를 열어 주었다. 적정 기술을 개발, 판매하는 기업으로는 방글라데시의 그라민 샥티(Grameen Shakti), 라오스의 선라봅(Sunlabob), 인도의 SELCO, 폴락이 설립한 IDE(International Development Enterprise) 및 D-REV(Design Revolution) 등이 있으며, 주로 사회적 기업의 형태로 운영되는 경우가 많다. 마틴 피셔(Martin Fisher)와 닉 문(Nick Moon)이 1991년에 설립한 어프로택(ApproTec, 킥스타트(KickStart)의 전신)은 제3세계의 사람들을 가난에서 빨리, 비용 효과적으로, 지속 가능한 방법을 통해 탈출시키는 것을 목표로 잠재성 있는 소규모 사업을 발굴하고 수익을 창출할 수 있는 기술을 개발해 해당 지역의 사업자에게 판매하고 있다. 전력 공급이 원활하지 못한 지역의 주민들을 위해 태양광 발전으로 작동하는 램프와 스탠드를 생산하는 인도의 디 라이트(D. Light) 사가 개발한 램프는 '지속 가능 에너지를 위한 애시던 상(Ashden Award for Sustaionable Energy)'을 수상하기도 했고, 프리플레이 에너지(Freeplay Energy) 사에서 개발한 태양광 랜턴이나 고디사 테크놀로

지스(Godisa Technologies) 사에서 개발한 태양 전지 충전기는 전기 공급망이 잘 갖추어지지 않은 제3세계에 거주하는 주민들의 편의와 안정을 추구하는 본래의 의도를 넘어, 선진국의 시장으로도 진출하고 있다. (나눔과기술, 2011)

　사실상 현재 제3세계를 대상으로 한 기술 협력 활동을 활발히 벌이고 있는 선진국의 여러 기관들 역시 인도주의적인 관점보다는 철저한 시장 지향적 관점이 더욱 유효하고 바람직한 시각이라고 말한다. 인도주의적인 차원에서 무상으로 지원하는 원조의 경우에는 기부자의 의향에 따라 원조의 지속성 여부가 결정된다는 단점이 있고, 수여국의 역량과 자립성을 높이는 데에도 방해가 되기 때문에 지양되어야 한다. 네덜란드의 SNV, 독일의 GIZ 등이 추진하는 기술 협력 프로젝트에서 무상 원조는 더 이상 이루어지지 않으며, 해당 사회 스스로 유지, 관리할 수 있는 기술과 시장을 개발하는 활동이 추진되고 있다. 여기서 중요한 것은 기술적 수준을 높이는 과학 연구 활동이 아니라, 해당 지역에서 생산과 소비, 유지와 보수가 지속될 수 있는 경제성과 기능을 갖춘 제품을 설계하고 시장을 만들어 가는 작업이다. 이를 위해, 그 지역의 제도적 조건과 경제적 상황 등을 이해하는 과정이 필수적이며, 기술 생산과 시장 관리의 전 과정이 그 지역을 지속적으로 책임질 수 있는 지역 주민들에 의해 이루어질 수 있도록 만드는 것이 중요하다. 이 과정에서 해당 지역의 역량 또한 자연스럽게 높아질 수 있는 것이다.

　인도주의적인 접근을 취하든 시장 지향적 접근을 취하든 적정 기술의 개발은 기술과 사람, 그리고 세계 사이의 바람직한 상호 관계를 추구하는 가장 발전된 형태의 기술 철학에 기반하고 있음을 알 수 있다. 적정 기술이 만족해야 하는 기준은 (1) 저렴할 것, (2) 현지 재료를 활용할 것, (3) 현지 기술과 노동력을 활용할 것, (4) 현지에 일자리를 창출할 것, (5) 작은 규모의 농촌 사회에서도 사용과 유지가 가능할 것, (6) 농업 기술을 지녔지만 과학 기술 교육은 받지 못한 농촌 거주자가 이해, 통제, 관리 가능할 것, (7) 사람들의 협동 작업을 이끌어내며 지역 사회의 발전에 공헌할 것, (8) 재생 가능하며 분산적인 에너지 자원을 활용할 것, (9) 기술 사용자가 이해할 수 있는 기술일 것, (10) 변화하는 환경에 맞추어 적응할 수 있는 유연성을 가질 것, (11) 지적 재산권, 로열티, 컨설팅 비용, 수입 관세 등을 포함하지 않을 것 등이다. (Darrow and Saxenian, 1990) 특히, 여러 전문가들은 적정 기술이 지역 사회와 양립·조화가 가능해야 한다는 점을 강조하는데, 적정 기술이 생산되고 사용되는 전 과정이 그 사회의 소망, 문화, 전통과 조화를 이루면서 혼란을 일으키지 않는 것이 중요하다는 것이다. (Hazeltine and Bull, 2003; Dunn, 1979) 이렇게 적정 기술은 사회적·문화적 다양성을 보존하고, 사람과 사람 사이, 사람과 기계 사이의 바람직한 상호 작용을 촉진하며, 생산과 사용의 과정에서 최소한의 자원을 소비하며, 기술을 사용하는 궁극적인 목표가 인간의 발전에 맞춰진 기술인 것이다. 인도주의와 상업주의 사이에서 균형을 맞추어 가는 적정 기술은 지속 가능한 기술의 모델이 될 수 있으며, 이때 기술에 담긴 목표와 철학은 맹목적인 기술 찬양론(technophilia)이나 기술 공포증(technophobia)을 넘어서 인간과 기술 사이에 보다 성숙한 관계를 설정하는 것이다. (Drengson, 2010)

4. 분산된 발명: 유연한 기술과 책임 있는 인간

　　한 지역에서 특정 행위자에 의해 개발된 기술은 다른 지역에서 다른 행위자들에 의해 사용되는 과정에서 원래의 형태와 의미가 그대로 보존되는 것이 아니라 일정 정도의 전용(轉用, appropriation)을 겪는다. (Hess, 1995) 기술의 전용은 그 정도에 따라 몇 단계로 나눌 수 있는데, 가장 낮은 수준으로는 사용자가 기술을 재해석(reinterpretation)하는 과정에서 의미적 연관성만 변화하는 경우가 있다. 때로는 사용자가 기술을 접하는 가운데 그 기술에 잠재적으로 존재하던 새로운 기능을 발견하기도 하는데, 이때 기술은 단순한 재해석을 넘어 사용의 맥락에 대해 적응(adaptation)을 이루었다고 볼 수 있다. 가장 높은 수준의 전용은 기술의 사용 과정에서 새로운 기능이 창조되는 경우이며, 이때 해당 기술은 사용자에 의해 재발명(reinvention)되었다고 볼 수 있다. (Eglash, 2004)

전용의 정도가 높아질수록 기술적 대상과 사용자의 관계는 긴밀해지며, 기술의 의미와 가치가 사용의 맥락과 부합하는 정도도 훨씬 높아진다. 즉 기술이 사용자와 사용 환경에 재발명의 기회를 허용하며 열려 있을수록 기술은 적절해질 수 있는 것이다. 적정 기술을 개발한다는 것은 바로 전용의 정도를 최대한 높이려는 시도에 다름 아니다. 일단, 적정 기술 분야에서는 그것의 개발에 참여하는 사람들이 기술 개발 과정에서 기술의 사용자와 사용 환경에 대한 고려가 필수적임을 굉장히 강조하며, 이것을 위해 지역 주민들과의 긴밀한 협력하에 기술 설계가 이루어진다는 점에서 그러하다. 또한, 기술의 종류와 국가의 경제적·기술적 수준에 따라 차이는 있지만 적정 기술의 생산에 필요한 물적·기술적·인적 자원을 실제 기술이 사용되는 공간에서 마련하는 것을 지향한다는 점에서 적정 기술은 사용자와 사용 환경을 향해 열려 있는 기술이라고 할 수 있다.

최근 몇몇 과학 기술학 연구자들은 기술이 널리 확산되고 성공하는 과정에서 해당 기술이 갖는 '유동성(fluidity)'이 중요하다고 주장한다. 과학 기술과 관련된 인간 행위자만이 아니라 기술적 대상물과 같은 비인간 행위자의 능력과 효과에 주목한 브루노 라투르(Bruno Latour)와 같은 행위자-네트워크 이론(Actor-Network Theory, ANT) 연구자들은 과학 기술의 네트워크가 생성, 유지, 팽창하는 과정에서 이동이 가능하면서도 변하지 않는다는 속성을 지닌 기록물이 중요한 역할을 한다고 보았다. (Latour, 1986; 1988) 하지만, 존 로(John Law)나 안네마리 몰(Annemarie Mol) 등의 연구자들은 어떤 과학 기술적 대상이 존재하는 차원은 하나가 아니라 여러 개이며, 그것의 외형과 기능은 다른 대상물들과 분명히 구분되는 경계를 지니지 않으며, 실질적인 기능과 의미는 그것이 관계를 맺고 있는 지역의 사용자들과 상황에 따라 유동적으로 변화한다고 보았다. (Law, 2004; Mol and Law, 1994) 대상의 불변성보다는 오히려 이러한 유동성이 해당 기술이 더 많이 확산되고 더 오래 유지되는 데에 중요한 역할을 한다는 것이다. (Laet and Mol, 2000; Law, 2002)

현재 성공을 거둔 적정 기술 사례들은 유연한 기술, 열린 기술이 더 많이, 더 오래 지속된다는 이들의 주장을 잘 뒷받침할 수 있다. 일례로 적정 기술의 대표 사례로 꼽히는 짐바브웨의 부시 펌프(B-type Zimbabwe Bush Pump)는 여러 차원에서 유동성을 보이는데, 부시 펌프는 다른 종류의 펌프들과 외형 면에서 확연히 구분되지 않고 연속성을 지니며, 기능도 다른 펌프들과 완전히 분리되어 있지 않다. 또한 부시 펌프 자체의 기능과 역할도 지하에서 물을 끌어올려 공급하는 단순한 작업부터 펌프의 사용법이 잘 지켜져 질 좋은 물을 지역 주민에게 공급함으로써 그들의 건강을 유지하는 역할까지 넓은 스펙트럼에 걸쳐 존재한다는 점에서 부시 펌프의 정체성은 유동적이다. 또한, 나사와 같은 작은 구성물부터 심지어 중요한 부위가 빠져 있는 부시 펌프도 짐바브웨의 곳곳에서 잘 작동하는 모습이 관찰되었으며, 대부분의 부품은 짐바브웨 현지에서 구할 수 있는 자원들로 대체할 수가 있었기 때문에 부시 펌프는 계속해서 짐바브웨 곳곳으로 널리 확산되고 사용될 수 있었다. 즉 부시 펌프는 그것이 사용되는 사회에서 더 잘 수리될 수 있으며, 더 잘 적응할 수 있는 기술이었으며, 이 때문에 부시 펌프는 그것을 사용하는 지역 공동체와 이루는 네트워크 속에서 좋은 기술, 적절한 기술이 된 것이다. (Leat and Mol, 2000)

이렇게 부시 펌프와 같은 기술적 대상이 그 사회에 가장 적합한 기술이 되기 위해서는 기술적 대상이 갖는 유연성이 중요하지만, 동시에 이를 가능하게 하는 발명가의 겸손함과 사용자의 참여가 요구된다. 기술이 잘 확산되고 성공적으로 기능하기 위해서는 모든 상황과 요소들을 장악한 전략가가 필요한 것이 아니라, 낮은 위치에서 관심과 사랑으로 기술을 돌보는 발명가가 필요하다. (Law, 2006; Laet and Mol, 2000) 부시 펌프라는 유연한 기술의 뒤에는 그것의 발명가로서 자신을 내세우면서 해당 지역을 감시하고 훈육하기보다는 자신의 존재를 성공적으로 해체시킨 피터 모건(Peter Morgan)이 있었다. 지금의 부시 펌프는 모건이라는 한 사람의 인간이 발명해 낸 것이 아니다. 그것의 소유권을 지역 주민들과 공유하고 그것의 행위권(actorship)을 발명가가 아닌 기술 자체에 맡겨 둠으로써 지역 주민들과 기술이 맺는 관계 속에서 천천히 진화하면서 만들어진 것이다. 여기서 부시 펌프를 처음 고안해 낸 모건의 행위와 태도가 그것을 매력적으로 만드는 데 크게 기여했는데, 그는 부시 펌프의 소유권을 지역민들에게 주고, 부시 펌프가 처음 그대로 유지되도록 지배하기를 포기했으며, 현장에서 사용자들에 의해 장치가 진화되는 것을 보고 배우는 겸손한 자세를 지니고 있었다. 즉 모건은 부시 펌프와 연관된 행위자들에게 "행위를 분산시키는 촉진자(promoter of distributed action)"였다고 볼 수 있다. (Laet and Mol, 2000)

　기술의 성공은 기술을 설계하는 단계에서 그것이 사용되는 과정이 최대한 고려되고, 지속적으로 재발명될 수 있도록 소유권과 행위권이 다양한 행위자들에게 분배될 때 이루어지는 것이다. 즉 기술이 널리 확산되고 오래 지속되기 위해, 기술의 발명은 최대한 분산되어야 한다. 적정 기술 개념은 기술을 적정한 수준으로 한계 짓는 것이 아니라, 기술의 발명에 참여할 여지를 최대한 여러 사람들과 기술 그 자체에 남겨 둠으로써 기술의 질을 높이고, 한편으로는 그 기술과 관계를 맺고 있는 모든 행위자들이 기술에 대해 책임 있는 태도를 가질 수 있도록 만드는 것을 의미한다. (Clifford, 2005) 즉 분산된 발명은 기술의 환경 적합성을 높이는 동시에 기술을 사용하는 사람들의 주인 의식과 책임을 함께 높임으로써 기술적 차원은 물론 사회적 차원에서 기술의 지속 가능성을 높인다. 기술을 설계하는 과정에서 사용자와 사용 환경을 고려하는 것은 어떻게 보면 당연한 상식이며, 이러한 상식적인 요구가 적정 기술을 개발하는 영역에서 특별히 강조되고 있다는 사실은 일반적인 기술 개발의 과정에서 얼마나 이러한 당연한 요구 조건이 무시되어 왔는지를 반영한다. 이제는 기술의 발명가와 사용자가 함께 협력하여 기술의 지속 가능성을 높이는 방안을 고심해야 할 때이다.

5. 기술을 적절하게 만들기

적정 기술은 특정한 종류의 기술들의 집합을 지칭하는 말이라기보다는, 특정한 시공간 속에서 존재하는 하나의 기술, 그리고 그 기술과 인간이 맺고 있는 관계에 대한 평가이다. 기술이 적절하다는 사실은 기술이 발명될 때부터 결정되는 것이 아니라 그 기술이 사용되는 과정에서 만들어지는 결과인 것이다. 어떤 기술이 널리 확산되고 오래 지속될 때, 그리고 그것이 사용자들과의 관계 속에서 바람직한 효과를 낳을 때, 그 기술은 성공한 기술, 적정 기술이라고 불릴 수 있다.

기술이 지속되려면 그 기술의 사용자는 계속해서 그 기술에 공감하고 새로운 의미를 찾아낼 수 있어야 하며, 이에 맞추어 기술은 끊임없이 진화할 수 있어야 한다. 지금까지의 기술 디자인에서는 제품의 물리적 형태나 기능 등 형이하적 요소만이 다루어졌으며, 실제로 제품의 수명을 좌우하는 공감, 의미, 욕망 등의 형이상적 요소에 대한 고민은 별로 이루어지지 못했다. 이 때문에 새로운 디자인의 첨단 기술이 매일 발명되고 소비자들의 소비 심리를 자극해 왔지만, 일단 소비된 기술은 소비자들의 끝없는 기대와 욕망을 채우지 못하고 결국 단시간 내에 폐기되어 왔다. (Chapman, 2005) 첨단 제품이 갖는 새로운 기능과 외형 디자인만이 칭송되는 시대에, 적정 기술의 개념과 철학, 그리고 적정 기술이 개발되는 과정을 살펴보는 작업은 기술을 마주한 인간이 한 순간에 기술적 대상을 취하는 '소비자'가 아니라 기술과 관계를 맺는 '사용자'이자 '동반자'임을 깨닫도록 도와준다. 또한, 진정한 의미의 기술 혁신은 소비를 부추기는 화려한 외형과 압도적인 기능을 개발하는 것이 아니라, 사용자와의 관계 속에서 적합한 기능과 새로운 의미가 끊임없이 찾아질 수 있는 기술적 대상을 만들어 내는 것임을 알 수 있다. 결국 기술은 한 명의 발명가에 의해서 완전히 결정되는 것도, 결정되어서도 안 되는 것이며, 다양한 시공간 속에서 다양한 사람들과 맺는 관계 속에서 새롭게 만들어지는 것이다.

지금까지 살펴보았듯이, 적정 기술의 개념 또한 다양한 생각과 실천이 혼합되면서 만들어져 왔다. 적정 기술에는 세계화의 흐름 속에서 제3세계의 지역적 문제를 해결하려는 의지가 담겨 있으며, 최첨단 기술과 낙후된 기술 사이에서 가장 적절한 기술을 찾아가는 역사가 담겨 있다. 적정 기술을 개발하는 과정에서는 개발자와 사용자의 협력이 일어나고, 제1세계의 기술적 능력과 제3세계의 지역적 특성이 조화되면서 빈곤 지역은 물론 선진국에도 충분히 도움이 되는 기술이 탄생한다. 서로 모순되는 인도주의적인 관점과 상업주의적 관점은 적정 기술이라는 해답을 공유하고 있기도 하다. 어떻게 보면 적정 기술이라는 개념은 가장 유동적인, 그럼으로써 각 시대에 가장 적합한 의미의 기술 형태를 제안하기 위해 혼합주의(syncretism)의 기치를 내걸고 있는지도 모른다.

그렇다면 이러한 혼합은 무엇을 지향하고 어떤 효과를 낳는가. 적정 기술에서의 융합은 불균형을 이루거나 모순된 것들 사이의 균형점을 찾고 바람직한 가치를 실현하는 과정이라고 볼 수 있다. 지금 적정 기술이라는 테두리 안에서 이루어진 고민과 실행은 그간 기술적 발전에만 집중해 온 현대 과학 기술에 제동을 걸고, 이러한 발전이 무엇을 위한 것인지, 우리의 삶에 어떠한 가치를 더해 주는지 질문하고 있다. 즉 적정 기술은 그간 과학 기술 분야에서 기술만을 대상으로 하는 혁신에 몰두하던 경향에서 벗어나, 인간과 인간, 인간과 기술의 관계를 함께 고려할 것을 요구하는 것이다. 제3세계와 선진국, 기술을 개발하는 전문가와 기술의 사용자, 기술적 대상과 인간 사이의 소통과 협동을 높이고 관계의 균형을 찾아가는 것이 현재 적정 기술이 추구하는 융합이며, 이러한 융합이 실천될 때 기술은 적절해질 것이다.

장하원(서울 대학교 과학사 및 과학 철학 협동 과정 박사 과정)

7장 진화적 융합과 창의적 혁신
자연과 인공물

> "진화는 어설픈 수선공이다."
> — 프랑수아 자코브
> "작은 차이가 명품을 만듭니다."
> — 필립스 사 광고 문구

I. 진화의 위대한 순간들*

생명의 진화 역사에서 가장 중요한 사건은 무엇일까? 처음으로 세포가 생긴 순간일까, 아니면 최초의 DNA가 탄생한 시점일까? 아마 최초의 다세포 생물이 진화한 순간을 꼽는 이도 있을 것이다. 이것보다 규모를 좀 낮춰서 원시 물고기가 지느러미를 갖게 된 순간이라든지, 초기 양서류가 사지(limb)를 갖게 된 시점, 혹은 곤충이 날개를 달게 된 순간 등을 생각해 볼 수도 있다.

미국의 저명한 만화가 개리 랄슨(Gary Larson)의 만화 한 컷은 어류가 땅으로 기어 나와 드넓은 육상에 터전을 잡게 되기 직전의 순간을 희화적으로 표현하고 있다. 메시지는 너무도 정확하고 분명하다. 이들 중 아무도 기어 나오지 않았다면 어류에서 양서류, 양서류에서 파충류, 파충류에서 조류, 포유류로 이어지는 진화 역사는 남의 행성 이야기가 되었으리라. 제목처럼 "진화의 위대한 순간들"이었던 셈이다.

* 이 글의 1~3절까지는 장대익·최재천 (2004)을 수정한 것이다.

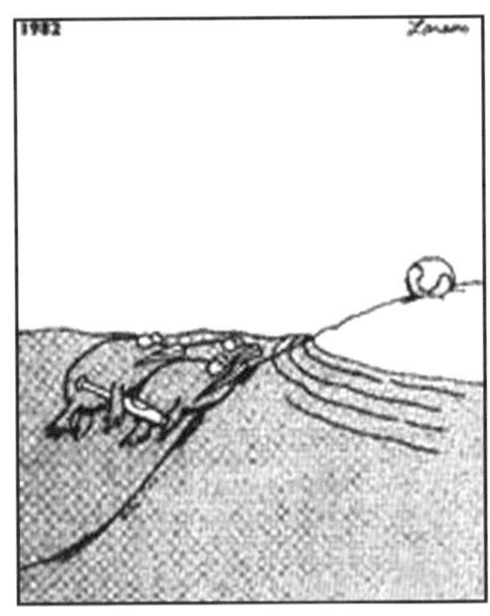

그림 1 진화의 위대한 순간들.ⓒGary Larson.

그렇다면 도대체 생물계에서 어떻게 이런 혁명적 변화들이 생겨나게 되었을까? 그리고 이런 혁신들을 통해 생명의 역사는 어떤 경로를 밟게 되었을까? 이른바 '진화적 혁신(evolutionary innovation)'에 관한 연구는 지구에서 벌어진 생명의 진화 역사를 이해하는 데 있어서 꼭 필요한 작업이다.

이 글에서는 먼저 2절에서 진화적 혁신에 관한 논의가 최근에 생물학계에서 활발히 전개되고 있는 배경을 설명한다. 그리고 3절에서는 진화적 혁신이 무엇이며, 어떻게 일어나는지, 그리고 그것의 출현을 방해하는 요인들은 무엇인지를 간략하게 살펴보고자 한다. 최근에 각광받고 있는 이보디보(Evo-Devo, 진화 발생 생물학(evolutionary developmental biology)의 약어.)는 이런 문제들에 대해 새로운 관점을 제시한다. 또한 4절에서 진화적 혁신 중에서 '진화의 분수령'이라 불릴 정도로 생명의 역사를 근본적으로 바꿔놓은 변화들이 어떻게 진화했는지를 이보디보의 모듈성(modularity)의 관점에서 재조명해 볼 것이다. 이런 논의들은 혁신을 갈망하는 이들에게 일종의 '원형 체험'을 제공할 수 있을 것이다. 분야와 대상이 어떻든 간에 변화에 관한 탐구를 위해서라면 약 40억 년 동안 지속된 생명 진화의 역사보다 더 좋은 텍스트는 없을 것이기 때문이다. 이것을 설명한 것이 5절이다. 그렇다면 기술의 혁신도 진화적 융합의 관점에서 동일하게 설명할 수 있을까? 이것을 위해 6절에서 기술에 대한 진화론적 견해들이 검토될 필요가 있다. 마지막으로 7절에서 나는 기술 혁신 메커니즘을 진화적 융합의 관점에서 해석함으로써 융합과 혁신의 관계에 대한 하나의 자연주의적 접근을 시도하고자 한다.

2. 진화적 혁신이란 무엇인가?

진화적 혁신이 어떻게 일어나는지를 알기 위해서는 우선 진화의 작동 메커니즘을 이해할 필요가 있다. 자연 선택을 통해 진화가 일어나려면 다음의 세 가지 조건이 만족되어야 한다. 표현형적 변이(phenotypic variation), 차별적 적응도(differential fitness), 그리고 유전력(heritability). 여기에 어떤 개체군이 있다고 해 보자. 그 속의 개체들은 서로 다를 수 있다. (표현형적 변이 조건) 그리고 어떤 변이들은 자신이 처해 있는 환경이 부과하는 문제들을 해결하는 데 있어서 다른 개체들보다 더 적합할 것이다. 그러면 이 변이들은 다른 변이들에 비해 번식기까지 더 많이 생존하게 될 것이고 결국 자손을 더 많이 남기게 될 것이다. (차별적 적응도 조건) 만일 생존과 번식을 촉진하는 형질들이 대물림 가능하면 다음 세대의 개체군에서는 그런 이로운 형질들이 더 많아질 것이다. (유전력 조건) 결국 개체군 내의 형질들 분포는 시간이 지나면서 변하게 될 것이고 상당한 시간 후에는 새로운 종이 생겨나게 된다. 이것이 바로 다윈이 제시했던 자연 선택을 통한 진화의 핵심이다. (Darwin, 1859)

자연 선택을 통한 이런 진화 과정은 좀 더 크게 보면, 유전 가능한 변이들이 발생하는 단계와 그 변이들에 대해 자연 선택이 작용하는 단계로 나뉘어 분석할 수 있다. 진화적 혁신에 대한 탐구는 일차적으로 첫째 단계인 변이 생성 메커니즘과 관련된다. 즉 깃털, 눈, 사지와 같은 새로운 형질들이 어떻게 세상에 처음 나오게 되었는지를 묻는다. 이런 형질들을 향후에 선택·보존하는 자연 선택도 논리상 이런 참신한 형태들이 나온 뒤에야 작동할 수 있다.

하지만 불행히도 다윈 이후로 이런 새로운 형질들의 기원 문제는 주류 진화 생물학자들의 관심 밖에 있었다. 실제로 20세기 전반기 내내 진화 생물학자들은 변이를 산출하는 발생 메커니즘을 블랙박스로 놓고 그런 변이들의 존재만을 가정한 후 그 변이들에 작용하는 자연 선택 메커니즘에만 주로 관심을 기울였다. 즉 변이들이 어떻게 생기는지는 묻지 않은 채 그저 변이들이 무작위적으로 일어난다는 선에서 얼버무린 셈이다. 발생학을 비과학적이라고 내친 진화 생물학의 '근대적 종합(the Modern Synthesis)'이 이런 상황을 만든 주범이었다. (Gilbert et al., 1996; Holland, 1999)

그러다 보니 진화적 혁신의 기원 문제는 점점 더 풀리지 않는 수수께끼로 남게 된다. 진화적 혁신이 생기려면 거대 돌연변이(macromutation)가 발생해야 하는데, 그런 것들은 무작위적으로 나오기도 힘들고 설령 발생한다 해도 대부분 해로운 것들이기 때문이다. 불행히도 "희망적인 괴물(hopeful monster)"은 출현할 가망이 없는(hopeless) 존재로 판명 나 버렸다. (Dietrich, 1992)

사실 진화적 혁신의 기원 문제는 다윈 자신도 곤란을 겪었던 문제였다. 그는 『종의 기원』에서 캄브리아기에 엄청난 혁신들이 일어났다는 사실을 인정하면서도 왜 그런 혁신들이 생겨나게 되었는지는 잘 모르겠다고 고백한 바 있다. (Darwin, 1859) 특히 점진론을 확립한 당사자로서 이른바 캄브리아기 대폭발(The Cambrian explosion)을 설명하는 일은 분명 녹녹지 않았을 것이다. 또한 화석 기록의 불연속성도 다윈을 아주 곤혹스럽게 만든 증거였다. 급기야 그는 화석 기록이 불완전하기 때문이라고 둘러댈 수밖에 없었고, 이런 평계는 지난 100여 년 동안 진화론의 지위를 어떻게든 깎아 내리려는 창조론자들에게 결과적으로 좋은 빌미를 제공했다. (Ruse, 2001) 종 내에서의 변이들은 인정할 수 있지만 그 이상의 상위 분류군 수준에서 벌어지는 거대 규모의 변화들은 기존 진화론으로 도저히 설명되지 않는다는 주장은 창조론자들의 단골 메뉴이지 않던가!

하지만 30년쯤 전부터 발생 생물학을 진화 생물학의 큰 틀 속에 편입시키려는 노력이 진행되면서 진화적 혁신의 기원에 관한 연구는 활기를 띠기 시작했다. 최근에는 이보디보의 등장으로 혁신에 관한 논의가 핵심 쟁점으로까지 부상했다. (Holland, 1999; Raff, 2000; Arthur, 2002)

그렇다면 생물계의 진화적 혁신은 정상적 범위의 변이들과 어떻게 구분될 수 있을까? 진화적 혁신을 정의하는 일은 조직의 다양한 수준들에서 가능하다. 즉 유전자 수준에서부터 개체의 표현형 수준에 이르기까지 다양하게 적용될 수 있다. 또한 이런 모든 수준들 내에서 벌어진 지난 40억 년 동안의 대전환 사건들도 당연히 포함되어야 한다. 형태적(표현형적) 정의는 여러 정의들 중에서 외연이 가장 넓으며 널리 통용되고 있다. (Muller & Wagner, 1991)

이 정의에 따르면 형태적 혁신(morphological innovation)이란 조상 종뿐만 아니라 자기 자신의 신체 내에서도 상동적(homologous) 대응물을 가지고 있지 않은 새로운 구성 요소로서, 그것 때문에 그 개체가 진화적으로 큰 성공을 거두는 그런 변이들을 지칭한다. 쉽게 말하면 진화적 혁신이란 과거 형태와는 질적으로 다르며 바로 그 다름 때문에 매우 성공적인 그런 변이를 지칭한다. 이렇게 정의하면 비교적 최근에 벌어진 척추동물의 출현에서부터 그 이전의 좌우 대칭성 동물(bilterians)의 출현, 그리고 그것보다 훨씬 이전에 벌어진 다세포 생물의 출현 등이 진화적 혁신의 외연에 들어온다. 물론 최초의 진핵생물도 명백한 진화적 혁신이었다. 이런 혁신들이 일어날 때마다 지구 생명체의 진화 경로들은 근본적인 변화를 겪으며 다양해졌다. 이런 변화는 딱정벌레의 새로운 종이 지구상에 하나 더 생겨나는 변화와는 근본적으로 달라 보인다. 좀 더 구체적으로는, 최초의 진핵생물은 19억 년 전쯤에, 좌우 대칭성 동물은 5억 7000만 년 전쯤에, 절지동물은 5억 4000만 년 전쯤(캄브리아기)에, 사지동물(tetrapods)은 3억 6000만 년 전쯤에 생겨났다. 이것은 진화의 주요 사건들이다. (Carroll, 2001a)

그런데 이것보다는 다소 작은 규모에서 벌어지는 변이도 혁신의 지위를 가질 수 있는 듯하다. 예컨대 비늘에서 깃털이 처음으로 진화했을 때라든지, 온혈동물이 처음으로 출현하게 된 시점도 진화적 혁신이 일어난 순간들이다. 깃털은 척추동물에게 하늘이라는 새로운 공간을 허락해 줬고 항온 체계는 열대 지방의 문턱을 넘어설 수 있게 해 줬다.

그렇다면 도대체 이런 대혁신들이 어떻게 생겨나게 되었을까? 즉 진화적 혁신의 메커니즘은 무엇인가? 그것이 일상적인 변이 메커니즘과 뚜렷이 구별되는가? 동물의 다양성이 어떻게 진화해 왔는지를 이보디보의 관점에서 재구성해 봄으로써 이런 중요한 질문들에 대한 해답의 실마리를 찾아보자.

3. 진화적 혁신은 어떻게 오는가?

개혁을 원한다면 보수의 생리부터 잘 알아야 한다지 않는가. 진화적 혁신이 어떻게 일어나는지를 논하기 전에 그것의 방해 요인부터 검토해 보자. 만일 내일이라도 당장 바퀴 달린 동물이 출현한다면 어떤 일이 벌어질까? 틀림없이 그 동물은 생명의 역사에서 진화적 혁신을 가장 최근에 이뤄낸 중요한 존재로 영원히 기억될 것이다. 하지만 이런 일은 절대로 일어나지 않는다! 왜 그럴까?

일단 '발생적 제약(developmental constraint)' 때문일 개연성이 높다. 발생적 제약이란 안정된 발생 체계의 본성으로 인해 특정 변이들이 발생하지 않도록 만드는 그런 제약이다. 또는 발생 체계가 한쪽으로 편향되어 있어서 특정 변이들을 아주 드물게만 발생시키는 경우도 넓은 의미에서 발생적 제약이라고 할 수 있다. (Gould & Lewontin, 1979) 예를 들어 지네의 체절 수는 종에 따라 15개부터 191개까지 다양하지만 흥미롭게도 모두 홀수이다. 한편 곤충의 경우에는 머리 부분에는 6개, 가슴에는 3개, 그리고 배에는 9개의 체절이 있어서 총 체절 수는 18개로 고정되어 있다. 이것들은 발생적 제약으로밖에 설명될 수 없는 현상이다. 실제로 초파리의 경우에는 '간격 유전자(gap gene)'가 초파리 체절 수를 조절하는데, 인위적으로 이 유전자에 변이를 일으켜 주면 인접한 체절들 사이에 경계가 무너져 결국 초기 배아 상태에서 죽고 만다. 자연 상태에서는 아주 드물게만 이런 변이가 나타나는 것으로 알려져 있다. 초파리의 체절 수가 변할 수 없는 이유는 바로 이런 발생상의 제약 때문이다. (Arthur, 2001)

비유하자면, 발생적 제약 문제는 일종의 첫 단추가 어디에 꿰어져 있는가에 관한 문제이다. 마지막 단추의 자리는 첫 단추가 어떻게 꿰어졌는가에 따라 결정될 수밖에 없듯이 변이의 발생은 그 개체가 대대로 물려받은 발생 체계에 따라 크게 의존하기 때문이다. 일종의 역사적 유산인 셈이다. 이 역사적 유산을 청산하려면 물려받은 발생 체계를 수정하는 길밖에 없다. 이런 관점에서 보면 생명의 장구한 역사는 발생 체계의 변동사이며, 진화적 혁신의 출현 메커니즘에 관한 우리의 물음은 결국 발생 체계의 변동 메커니즘에 관한 물음으로 환원된다.

그렇다면 발생 체계의 변동은 어떻게 일어나는가? 실마리는 발생 유전자(developmental gene)에 있다. 사실, 통합 생물학을 지향하는 이보디보는 지난 30년 동안 이 발생 유전자들을 발견하는 과정에서 탄생했다고 해도 과언이 아니다. 그중 가장 중요한 발견은 이른바 호메오박스(homeobox)의 발견일 것이다. 미국의 발생학자 에드워드 루이스(Edward B. Lewis)는 1940년대부터 초파리의 체절 형성을 조절하는 호메오 유전자(homeotic genes)를 연구했었는데, 1970년대 후반기에 이르러 두 명의 독일 생물학자에 의해 그 염기 서열(호메오박스)이 밝혀졌다. 그 후로 연구자들은 이 호메오박스(180개의 염기로 구성된 특정 DNA 단편)가 초파리의 모든 세포 내에서 전사 과정의 스위치를 정교하게 작동시킴으로써 세포의 운명을 결정하는 마스터 스위치 역할을 담당한다는 사실을 알게 되었다.

더욱 놀라운 것은 이 호메오박스들이 초파리에서뿐만 아니라 심지어 쥐와 인간과 같은 척추동물에서도 동일하게 발견된다는 사실이다. 호메오 유전자인 *Hox* 유전자의 발견은 1980년대부터 그야말로 봇물처럼 쏟아져 나

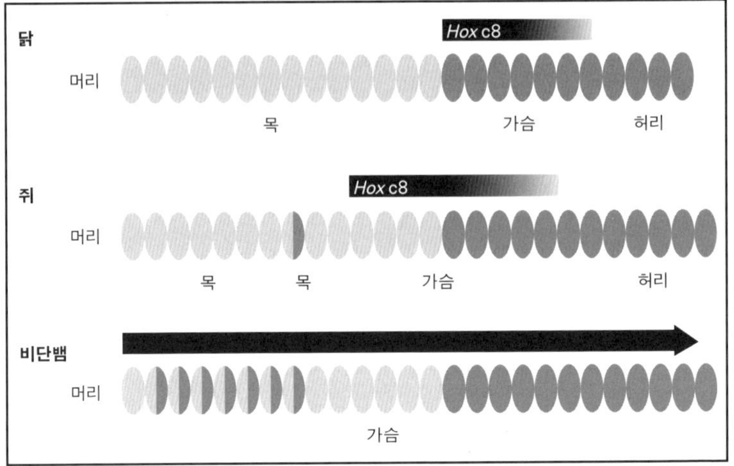

그림 2 *Hox* 유전자 조절의 진화와 축 다양성의 진화. *Hox* 유전자 중 하나인 *Hox* c8이 어디에서 발현되느냐에 따라 척추동물의 축 형태가 달라진다. 하지만 가슴 부분의 축 형성을 위해서 *Hox* c8 유전자가 동일하게 사용됐다는 사실이 흥미롭다. Carroll (2000)의 그림을 다시 그린 것이다.

오기 시작한다. 예를 들어, 초파리의 발생 과정에서 배아의 전후 축(axial)을 결정하는 염기 서열은 포유류의 척추와 해골 형성에 관여하는 유전자에도 같은 형태로 보존되어 있다는 사실이 밝혀졌다. 즉 유사한 염기 서열이 계통적으로 아주 동떨어진 종에서도 매우 유사한 기능을 하게끔 보존되어 있다는 것이다. (Gilbert, 2000; Carroll et al., 2000)

그림 2는 이 *Hox* 유전자 중에서 *Hox* c8이라는 하나의 발생 유전자가 어떻게 파충류, 포유류, 조류에서 똑같은 기능을 하고 있는지를 드러내 준다. 그림에서처럼 이 유전자는 닭, 쥐, 비단뱀에서 머리-꼬리 축을 따라 가다가 서로 다른 지점에서 발현된다. 즉 동일한 발생 유전자들이 언제 어디서 발현되는가에 따라서 표현형에 획기적인 변화가 생긴다는 것이다. 유전자의 존재 유무만큼이나 발현 방식이 생명의 진화에 매우 중요하다는 사실이 밝혀진 셈이다. 이런 맥락에서 계통적으로 상당히 멀리 있는 종들 사이에는 유

전적 차이가 그만큼 클 수밖에 없을 것이라는 통념은 재고될 필요가 있다. (Gilbert et al., 1996)

좀 더 포괄적으로 보자면 *Hox* 유전자와 같은 마스터 조절 유전자들은 생명의 다양성을 만드는 데 사용되는 일종의 '레고 블록'이다. 개구리, 악어, 제비, 침팬지, 그리고 인간을 만들려면 초파리의 경우보다는 레고 블록을 더 많이 사용해야 할 것이다. 하지만 이 모든 다양한 생명체를 진화시키는 과정 속에서 자연은 초파리를 위해 사용했던 레고 블록을 다시 활용해 왔다. 생명의 다양성은 말하자면 레고의 수와 조립 방식이 변화된 결과이다. 즉 *Hox* 유전자 수의 증감과 그 유전자의 발현 방식의 차이 때문에 생겨났다. **그림 3**은 똑같은 형태의 두 건물이 어떤 식으로 분화되었는지를 보여 주는 그림이다. 두 건물은 '중복과 분화' 메커니즘에 따라 큰 변화를 겪었다고 할 수 있다. 이 예를 통해 우리는 *Hox* 유전자 수의 증가와 이후에 생기는 발현 방식의 변화, 즉 '중복과 분화' 메커니즘이 무엇인지를 쉽게 이해할 수 있다.

진화적 혁신도 근본적으로 이런 변화 때문에 일어났다. **그림 4**를 보면 알 수 있듯이 다양한 규모의 형태적 차이들이 발생 유전자의 수와 발현 방식 때문에 생겨났다. 진화적 혁신을 위해서는 더 이상 거대 규모의 돌연변이 같은 것은 필요하지 않다. 발생 유전자 수준에서의 작은 변화

그림 3 건축에서 볼 수 있는 중복과 분화. 처음에는 동일했던 쌍둥이 건물이 시간이 흐름에 따라서 점차 서로 달라지고 있다. Scott (2000)에서 인용한 것이다.

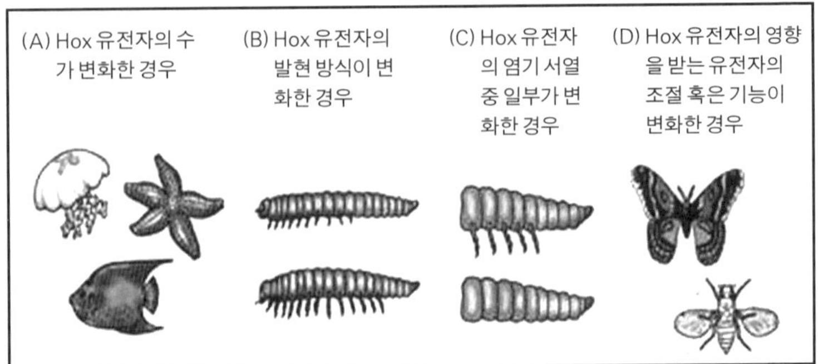

그림 4 *Hox* 유전자의 변화가 동물의 진화에 미치는 영향. Gilbert (2000)에서 인용한 것이다.

가 표현형 수준에서는 엄청난 혁신을 몰고 올 수 있기 때문이다. **그림 4**에서
(A)는 *Hox* 유전자 수의 변화로 인해 생기는 가장 큰 규모의 변화가 일어난
경우, (B)는 *Hox* 유전자의 발현 방식에 일반적인 변화가 일어난 경우, (C)는
Hox 유전자의 염기 서열 중 일부가 변화한 경우, 그리고 (D)는 *Hox* 유전자
의 발현에 영향 받는 하부 유전자들의 기능에 변화가 생긴 경우를 나타낸다.
그림에서 볼 수 있듯이 뒤로 갈수록 형태 변화의 폭이 작다

이런 사실은 앞서 언급된 발생적 제약에 대한 흥미로운 해석을 가능하게
한다. 그것은, 발생적 제약이 극복되고 진화적 혁신이 일어나려면 발생 유전
자의 수가 증가하거나 그 유전자의 발현 방식이 변화되어야 한다는 점이다.
발생 과정에서 별로 중요한 역할을 하지 않는 유전자들을 아무리 늘리거나
변화시켜 봤자 근본적인 변화는 일어나지 않는다. (**그림 4**의 (D)를 참조하라.) 하
지만 변화의 폭은 적다해도 적재적소에 생겨난 변화라면 상위 수준에서 엄
청난 차이를 야기할 수 있다. (Carroll et al., 2001)

동물계에 존재하는 근본적인 형태적 차이는 총 26개의 문(phyla)으로 표
현된다. 각 문은 각자의 신체 형성 계획(body plans)을 갖고 있으며, 문보다 아
래 단계의 분류군들(종, 속, 과, 목)은 그 신체 형성 계획 범위 내에서 생겨난 일

종의 변형들이다. 예를 들어 딱정벌레가 속해 있는 절지동물과 인간이 속해 있는 척삭동물은 서로 다른 신체 형성 계획을 가진 다른 문에 해당된다. 하지만 흥미로운 사실은, 이렇게 근본적으로 다른 신체 형성 계획들도 따지고 보면 발생 유전자 수준에서 벌어진 몇 가지 변화의 산물이라는 점이다. 이 모든 신체 형성 계획들이 동일한 주제의 변주에 불과하다는 사실은 20세기 후반의 가장 위대한 발견 중 하나일 것이다. (Arthur, 1997; Erwin, 1999)

또 한 가지 놀라운 점은 이 신체 형성 계획들이 대부분 5억 7000만~5억 3000만 년 전쯤(캄브리아기)에 생겨났다는 사실이다. 당시의 변화가 워낙 대규모로 일어났기에 이것을 흔히 '캄브리아기 대폭발'이라고 부른다. 그렇다면 왜 이런 대규모의 변화들이 한꺼번에 갑자기 이 시기에 일어났을까?* 실제로 이 질문은 고생물학자들의 큰 고민거리였다.

내부적 요인으로는 *Hox* 유전자와 같은 발생 유전자들이 캄브리아기 바로 직전에 처음으로 생겨났다는 사실이 밝혀졌다. 그러나 이런 대폭발을 가능하게 한 외부(환경)적 요인들에 대해서는 아직도 논란 중이다. 예컨대 어떤 학자들은 캄브리아기에 진입하기 이전의 약 7억 년 동안 계속된 산소량의 증가로 인해 생명체의 이동을 위한 연료가 풍부해졌고, 그로 인해 더 복잡한 신체 구조의 진화를 촉진시켰다고 주장한다. 반면 캄브리아기 직전에 발생한 대멸종으로 인해 새로운 생명체들이 점유할 수 있는 적응 공간이 갑자기 열리는 바람에 그런 대폭발이 일어났다고 생각하는 이들도 있다. (Gould, 1989; Conway Morris, 1998)

외부 환경이 생명의 진화에 미친 중대한 영향은 천하를 호령하던 공룡들을 사라지게 만든 K-T 대멸종 사건**에서 가장 극적으로 드러난다. 공룡 멸

---

* 물론 여기서 '갑자기'는 대개 수백만 년 정도를 기본 단위로 하는 지질학적 시간 척도에서 사용된 표현이다.

** K-T 대멸종(K-T mass extinction)은, 지질 시대에 있었던 여러 번의 대멸종 가운데 특히 6500만 년 전의 대멸종 사건을 지칭하는 용어이다. 공룡이 멸종한 시기가 바로 이때이며, 중생대의 백악기

종의 원인에 대한 논쟁이 한동안 뜨거웠지만, 6500만 년 전에 외계에서 날아와 지구와 충돌한 소행성이 그 주범이라는 주장이 현재는 정설로 자리 잡았다. (Raup, 1991) 공룡 멸종은 포유류에게 진화의 문을 활짝 열어 주었고 결국 현생 인류로 이어지는 진화 경로의 원인으로 작용했다. 만일 백악기 말에 소행성이 지구를 약간 비껴갔더라면 지구 위의 생명체는 지금쯤 어떻게 되었을까? 하버드 대학교의 저명한 고생물학자였던 스티븐 제이 굴드(Stephen Jay Gould)는 "진화의 테이프를 되돌린 후 초기 상태를 약간만 바꾸고 다시 재생시키면 현재와는 전혀 다른 생명체들이 생겨날 것"이라고 단언한다. (Gould, 1989) 이렇게 외부 환경의 요인은 발생 유전자의 출현 및 개조와 더불어 진화 역사의 물줄기를 바꿔놓은 원동력이었다.

4. 진화의 분수령과 모듈성의 증가

지금까지 우리는 발생 유전자의 진화를 통해 동물의 다양한 신체 형성 계획들이 어떻게 생겨났는지를 주로 살펴보았다. 하지만 이런 논의에는 기껏해야 동물계 내에서의 혁신만이 다뤄졌다. 그렇다면 더 근본적인 혁신들, 가령 DNA 세계에서 진핵세포의 출현과 단세포에서 다세포 생물로의 전환 등은 어떻게 가능했을까?

이것은 생물학의 가장 근본적인 물음이며 하나의 수수께끼이기도 하다. (Maynard Smith & Szathmary, 1999; Keller, 1999) 왜냐하면 이런 대전환이 일어나기 위해서는 서로 경쟁하던 하위 수준의 존재자들이 상위 수준의 통합을 이끌어낼 수 있도록 어느 순간에는 협동했을 것이기 때문이다. 예를 들어, 핵

(K)와 신생대의 제3기(T) 사이에 벌어진 일이기 때문에 'K-T'라는 약자가 붙었다.

DNA와 미토콘드리아 DNA*는 서로간의 복제 경쟁을 멈추고 하나의 막 속에 함께 묶여 진핵세포를 탄생시켰다. 그 세포가 소멸하면 함께 사라질 수밖에 없다는 의미에서 그들은 공동 운명체로 진화한 셈이다. 단세포 생물에서 다세포 생물로의 전환 과정도 이 과정과 유사하다. 단세포 생물의 입장에서 보면 다세포 생물로의 전환은 별로 내키지 않는 일일 수 있다. 자기 자신의 증식뿐만 아니라 다른 세포의 증식에도 관심을 기울여야 하기 때문이다. 여기서도 일종의 협동이 일어났다.

이 문제와 관련하여 존 메이너드 스미스(John Maynard Smith)와 이오스 서트머리(Eos Szathmary)는 지구의 생명이 크게 여덟 번의 주요한 '진화의 대전환'을 거쳤다고 주장한다. 그들에 따르면, 생명은 각 전환기 때마다 그 수준에서 협동의 문턱을 넘어야 했고 이런 과정을 통해 일종의 진보가 일어났다. 그들은 복잡성의 증가가 몇몇 경우에 실제로 일어났으며 그 증가는 정보의 저장, 전달, 그리고 번역 방식에 있어서의 몇 차례 큰 변화에 의존해 왔다고 주장한다. 그들이 주장하는 여덟 번에 걸친 생명의 주요한 전환기를 간략히 정리해 보면 다음 **표 1**과 같다. (Maynard Smith & Szathmary, 1995: 1999, 17~18쪽)

이런 주요 전환들은 공통의 문제를 제기한다. 그것은, "하위 수준에서의 존재자들(앞의 예에서, 원핵세포들, 무성 생식하는 개체들, 원생세포들, 개미들) 간의 선택이 상위 수준에서의 통합(진핵세포, 유성 생식적 개체군, 다세포 개체, 개미 군체)을 왜 와해시키지 않았는가?"라는 물음이다. (Maynard Smith & Szathmary, 1999, 19쪽) 이 물음에 대한 답을 하는 과정에서 상위 수준의 존재자가 받게 될 이득을 지적하는 것만으로는 충분하지 않다. 왜냐하면, 하위 수준의 존재자들에 작용하는 자연 선택으로 상위 수준의 존재자가 어떻게 출현했는지를 설명할 수 있어야 하기 때문이다. 이 문제는 "자연 선택이 과연 어떤 수준에서 작용하

---

* 미토콘드리아 DNA는 세포 내의 미토콘드리아가 가진 DNA로 크기가 작아서 16,567개의 염기쌍이 고리를 형성하고 있고 대량으로 쉽게 분리된다. 미토콘드리아는 모계를 통해서만 전달되기 때문에 미토콘드리아 DNA를 추적하면 모든 인류의 공통 조상인 '미토콘드리아 이브'를 만날 수 있다.

표 1 진화의 대전환들

순서 \ 대전환	주요 전환 사건
첫 번째	자기 복제하는 분자에서 원시 세포 속의 분자군으로
두 번째	독립적 복제자에서 염색체로
세 번째	유전자와 효소로서의 RNA에서 DNA와 단백질로
네 번째	원핵세포에서 진핵세포로
다섯 번째	무성 생식적 클론에서 유성 생식적 개체군으로
여섯 번째	원생생물에서 동물, 식물, 그리고 균류로
일곱 번째	고독한 개체에서 군체로
여덟 번째	영장류 사회에서 인간 사회로(언어의 기원)

는가?"라는 오래된 물음이기도 하다.

그렇다면 이런 대전환들을 이보디보에서 강조하는 모듈의 관점에서 어떻게 설명할 수 있을까? 실제로 진화의 분수령이 된 몇몇 사건들을 '모듈성의 증가'라는 측면에서 바라보기 시작하면, 생명의 40억 년 역사는 모듈화의 역사로 새롭게 재구성된다.* 그 이유를 몇 가지 사례들을 통해 구체적으로 살펴보자.

모듈적 형질이 한번 존재하면 그것은 모듈성을 증가시키거나 구분된 하나의 형질로 합병(consolidation)되는 방향으로 진화한다. (Wagner, 1996; West-Eberhard, 2003) 이런 일은 모듈적 형질들의 두 속성들 — 내적 통합성과 외적

---

* 메이너드 스미스와 서트머리는 자신의 저작들에서 "모듈"이나 "모듈화"라는 표현을 쓰지는 않았다. 대신 "구획(compartment)", 혹은 "구획화(compartmentation)"라는 용어만 사용했다. (Maynard Smith & Szathmary, 1995) 하지만 생명의 대전환들을 "구획화의 증가"로 이해했다는 측면에서 그들이 구획을 모듈과 비슷한 의미로 사용했음을 짐작할 수 있다.

독립성 ─ 이 증가함으로써 구현된다. 귄터 바그너(Günter Wagner)는 모듈성 증가의 이 두 측면을 각각 통합화(integration)의 증가와 소포화(parcellation)의 증가로 표현했는데, 전자는 원래 독립적이었던 형질들 사이에 다면 발현 효과가 증가할 때 일어나는 현상이고, 후자는 다른 복합체들의 구성원들 사이에서 다면 발현 효과가 차별적으로 제거될 때 일어나는 변화이다. (Wagner, 1996) **그림 5**는 모듈적 조직이 출현하는 두 가지 방식을 이해하기 쉽도록 표현한 그림이다.

　물론 소포화와 통합화가 어떤 비율로 모듈화에 공헌하는지는 경험적 탐구를 통해서만 알 수 있을 것이다. 예를 들어, 원생동물군에서 후생동물로의 진화는 소포화가 증가함으로써 모듈성도 증가하는 경우이다. 왜냐하면 그 사건은 동일한 유형의 세포로만 구성된 개체(원생동물)가 특화된 몇몇 다

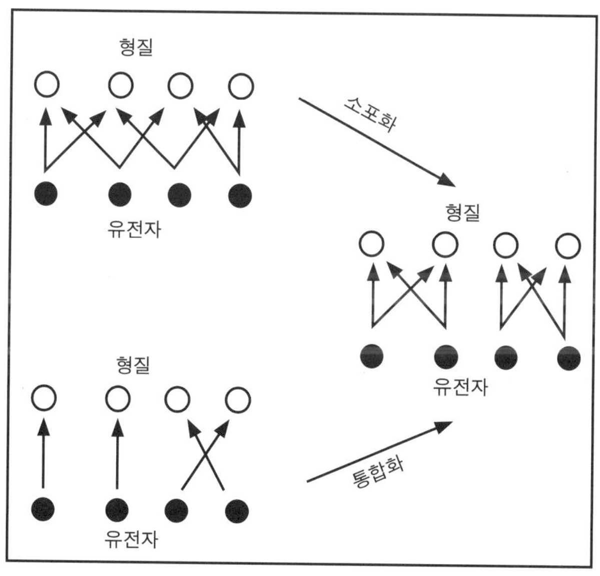

그림 5 모듈적 조직이 출현할 수 있는 두 가지 방식. Wagner (1996)의 그림을 새로 그렸다.

른 유형의 세포들을 포함하는 개체로 변화된 경우이기 때문이다. 이 특화는 소포화의 증가이며 유전자들의 차별적 발현이 최초로 일어난 결과이다. 이것은 후생동물들이 더 원시적인 것(원생동물)에 비해 더 모듈적이라는 견해를 지지한다. (Wagner, 1996) 여섯 번째 대전환(원생생물 → 동식물 및 균류)은 이렇게 소포화의 증가로 인한 모듈성의 증가로 새롭게 이해된다.

세포핵의 진화(**표 1**에서 네 번째 대전환에 해당)도 소포화가 일어남으로써 모듈성이 증가하는 또 다른 사례이다. 사실 이 변화는 생명의 진화에서 전환점이 됐던 대사건이었다.* 진핵세포의 경우에는 세포질과 핵질을 분리하는 하나의 막(핵막)이 있는데, 세균이나 남조류 같은 원핵세포에는 그런 것이 없다. 핵막이 처음에는 세포 생리와는 무관한 기능을 했을 것이다. 아마도 분자 기생자와 병원균의 이동을 막는 보호막에 불과했을지도 모른다. 그러다 자연선택은 각 분할지 내에서 상호 작용하는 효소들이 달라지게끔 작용했고, 그 결과 핵과 다른 세포 내 소기관들이 생겨나게 되었으며, 궁극에는 독립된 분할지에서 상이한 생화학적 과정이 일어나는 상황이 벌어졌을 것이다. (West-Eberhad, 2003) 이것은 소포화의 증가로 인해 모듈성이 높아진 또 하나의 대전환이다.

반면 통합성의 증가를 통해 모듈성이 새롭게 출현하고 그것으로 인해 결과적으로 새로운 상위 존재자가 진화할 수도 있다. 예컨대, 구성 개체들의 노동 분업을 증가시킴으로써 그들의 독립성을 줄이는 방식으로 하나의 군체(colony)가 출현하는 경우가 있을 수 있다. 실제로 고도로 통합된 진사회성 곤충 사회는 이런 과정을 통해 진화했을 것이다. (West-Eberhard, 1979) 이것은 **표 1**에서 일곱 번째 대전환에 해당되며, 통합성 증가에 의한 모듈성 진화의 한 사례이다.

---

* 에드워드 윌슨(Edward O. Wilson)은 원핵세포에서 진핵세포로의 분기를 "모든 진화에 있어서 가장 깊은 분리"라고 표현했을 정도이다. (E. O. Wilson, 1975, 392쪽)

5. 진화적 융합과 자연의 혁신

　생물계에서 벌어진 진화적 혁신에 관한 탐구는 지금까지 살펴본 바대로 그것 자체로도 대단히 흥미로운 주제이다. 그동안 세분화되기만 했던 생물학의 전 분야를 진화와 발생이라는 키워드로 새롭게 통합해 보려는 이보디보의 출현으로, 이제 변혁은 가장 중요한 탐구 주제로 급부상했다. 실제로 이런 탐구는 그 성격상 진화 생물학은 물론, 고생물학, 발생 생물학, 분자 생물학, 세포 생물학, 유전체학 등이 모두 동원되어야 할 학제간 연구의 범례이다.

　그런데 흥미로운 사실은 혁신에 관한 생물학적 담론이 자연스럽게 인문·사회 과학의 장으로 새어 나올 수밖에 없다는 점이다. 한 인간은 기껏해야 100년을 살고 한 사회는 길어야 수백 년을 지속하며 한 문화는 잘해 봐야 몇천 년을 영속하지만 지구 위의 생명은 무려 40억 년을 버텨 왔다. 40억 살 먹은 생물계에서 그동안 수행된 변혁에 관한 실험들은 과연 얼마나 될까? 이것에 비해 한민족 5,000년 역사에서는 그동안 얼마나 많은 변혁들이 일어났을까? 나이만 비교해 본다면 40억 년과 5,000년은 거의 100만 배의 차이이다. 단순하게 생각하면 생물계는 변혁 실험을 했어도 우리보다 100만 배는 더 했을 것이다. 혁신에 관해서도 자연은 우리의 아득한 선배이다. 자연의 실험에 귀를 기울여야 하는 이유가 여기 있다.

　그렇다면 자연의 혁신 실험으로부터 우리가 배울 수 있는 교훈은 무엇일까? 지금까지 논의한 부분에서는 혁신과 관련해서 최소한 세 가지 정도의 시사점을 찾아볼 수 있다. 그중 하나는, *Hox* 유전자의 경우처럼 매우 작은 변화라 해도 그것이 적재적소(適材適所)에 가해진 변화라면 결과적으로 매우 큰 혁신을 이끌어낼 수 있다는 사실이다. 필립스 사의 광고 문구처럼 “작은 차이가 명품을 만든다.” 자연은 혁신을 위해 아무 요소나 단지 크게만 변화시키는 식으로 일하지는 않았다. 너무나 비효율적이기 때문이다. 하지만 그렇다고 완벽한 엔지니어처럼 모든 것들을 미리 다 설계해 놓고 일하는 스타

일도 아니었다. 노벨상을 수상한 프랑스의 발생 생물학자 프랑수아 자코브(François Jacob)의 비유처럼 "진화는 어설픈 수선공"일 뿐이다. (Jacob, 1977) 과거의 유산들을 재량껏 땜질해 쓰면서 새로운 명품들을 창조해 낸 것이다.

　다른 한 가지 시사점은, 진핵세포의 출현에서처럼 구성원들의 적절한 협조가 있어야만 혁신적 발전의 주춧돌이 될 하나의 집합체가 형성될 수 있다는 사실이다. 하지만 이것을 개인이 집단을 위해 희생할 때 그 사회가 혁신적으로 발전할 수 있다는 식으로 오해해서는 곤란하다. 오히려 강조점은 진핵세포 속의 두 종류 DNA가 자신들의 더 큰 이득을 위해 한 지붕 속에 있기로 '작정'했다는 대목에 있다. 같은 맥락에서, 구성원들의 이득이 전보다 더 커지는 상황에서 탄생한 집단만이 이후에 더 큰 변화들을 몰고 올 수 있으며 오래 간다.

　4절과 5절에 보았듯이, 자연에서 벌어진 혁신 실험의 비밀은 모듈 수의 증가와 모듈 간 관계의 복잡성에 있다. 즉 자연은 모듈성의 증가를 통해 혁신을 진화시켰다. 나는 모듈성의 증가를 **진화적 융합**(evolutionary fusion)의 핵심이라고 생각한다.

　마지막 한 가지 시사점은 혁신을 촉진하는 외부적 요인에 관한 것이다. 캄브리아기 대폭발과 백악기의 K-T 대멸종 사건에서처럼 때로는 강력한 외부적 요인들이 혁신을 몰고 오기도 한다. 하지만 여기서도 주의할 사항이 있다. 외부적 요인들은 대개 혁신의 촉발제로서 기능하고 있다는 점이다. 즉 내부적 변화 동인이 없이 외부적 요인만으로는 혁신이 일어날 수 없다. 이런 주장이 너무 강한 것 같다면, 외부적 요인은 내부적 요인 — 예컨대, 발생 유전자의 변화 — 과 함께 작용할 때에만 혁신을 일궈낸다고 정도로 말하면 될 것이다. 캄브리아기에 아무리 적응 공간이 팽창했다 해도 만일 *Hox* 유전자가 당시에 구비되어 있지 않았더라면 대폭발은 일어나기 힘들었을 것이다. 또한 백악기에 제아무리 큰 소행성이 지구와 충돌했다 해도 만일 당시에 포유동물들이 전혀 살고 있지 않았더라면 오늘날의 인류는 결코 진화해 나오지 못했을 것이다.

6. 기술에 대한 진화론적 관점들

우리의 주제는 '혁신'이다. '융합' 자체가 목표는 아니다. 자연계의 혁신이
진화적 융합을 통해 진화했기에(앞 절들에서 논의했듯이, 그렇다고 이해될 수 있기에)
융합이 중요한 키워드가 되는 것이다. 그렇다면 기술의 혁신에 대해서는 어
떻게 말할 수 있을까? 기술의 역사 속에서 존재하는 혁신들도, 앞서 논의된
진화적 융합의 관점에서 이해되고 설명될 수 있을까?

우선 기술의 역사에 대한 진화론적 접근부터 간략하게 언급할 필요가 있
다. 사실 '기술의 진화(evolution of technology)'라는 용어 자체는 매우 일상적
이다. 가령, "휴대폰은 어디까지 진화할까?"라든지, "자동차의 진화의 끝은
어디인가?" 같은 문장들은 흔히 볼 수 있는 것들이다. 이때 '진화'는 '전문가
적인 관점에서 봤을 때 올바르게 사용된 것이 아니다. 하지만 기술에 대한 진
화론적 이해 또는 기술 진화론(evolutionary theory of technology)은 기술 변동
의 특정 메커니즘을 주장하는 특정 이론이다.

기술 진화론의 유형은 크게 셋으로 구분될 수 있다. 그중 하나는 생물 진
화론을 인간 인지 능력의 생물학적 형질들(가령, 뇌, 감각 체계, 운동 체계 등)에까
지 확장·적용함으로써 동물과 인간의 기술 능력의 진화 생물학적 기원과 특
성을 설명하려는 시도이다. 기술 능력의 생물학적 기초를 탐구하는 이런 시도
는 사회 생물학, 인지 고고학, 인지 심리학, 영장류학, 그리고 최근의 진화 심리
학의 연구 주제이다. 이것을 뭉뚱그려 '기술 지능 진화론(evolutionary theory
of technological intelligence, 이하 '지능 진화론')'이라고 부를 수 있을 것이다.

그런데 불행히도 사회 생물학 및 행동 생태학, 인지 고고학 및 심리학, 영
장류학, 그리고 진화 심리학 등의 유관 분야에서 지능 진화론을 본격적으로

연구하는 학자는 내가 알기로 거의 없다. 예컨대 사회 생물학 및 행동 생태학 분야의 대표 학자들인 에드워드 윌슨과 마이클 루스(Michael Ruse)는 '후성 규칙들(epigenetic rules)'을 상정했고, 이기적 유전자 이론의 리처드 도킨스(Richard C. Dawkins)는 '밈(meme)'과 '확장된 표현형(extended phenotype)' 개념을 제시했지만, 그것들은 모두 인간의 문화 일반, 혹은 좁게는 과학 지식을 해명하기 위한 장치들이지 인간의 기술 혹은 기술 능력만을 따로 설명하는 도구는 아니다. (Wilson, 1998; Ruse, 1986; Dawkins, 1976; 1982)

또한 마음의 모듈성을 주장하는 대표적 진화 심리학자인 레다 코스미디스(Leda Cosmides), 존 투비(John Tooby), 그리고 스티븐 핑커(Steven Pinker) 등도 인간의 기술 능력(기술 지능)이 하나의 독립된 적응(adaptation)인지 아니면 다른 적응들의 부산물(byproduct)인지에 대해 진지한 논의를 한 적이 없다. 인간의 종교성, 예술 능력, 심지어 재치와 유머의 적응성 여부마저도 그토록 진지하게 다뤘던 것과 비교하면 이런 소홀함은 다소 의아스럽기까지 하다. (Cosmides & Tooby, 1992; Pinker, 1997; 2002)

침팬지를 비롯한 영장류의 도구 사용 및 제작 능력을 연구해 온 영장류학자들은 인간의 '기술 지능(technological intelligence)'의 본성을 밝히는 일에 한몫을 감당해 왔다. 하지만 주로 인간의 기술력과 침팬지의 그것이 어떻게 유사하고 다른지를 비교하는 일에 주력해 왔기 때문에 인간의 고유한 기술 능력에 대한 탐구는 여전히 미흡하다. (Goodall, 1986; Matsuzawa, 2001) 그나마 인간의 기술력에 가장 큰 관심을 가진 이들은 인지 고고학자들이다. 저명한 인지 고고학자인 스티븐 미슨(Steven Mithen)은 현생 인류가 어떻게 기술 지능을 분화시켰다가 어느 시점에 그것을 일반 지능으로 통합시켰는지를 고고학적 증거들을 통해 설명하고 있다.

어린이들은 물체의 성질에 대해 직관적 지식을 갖고 있다. 고체의 성질, 중력, 관성 개념이 마치 아이들의 마음에 영구 회로로 입력되어 있는 듯하다. 어린이들의 생활 경험은 어른의 것에 못 미치기는 하지만 물체들이 근본적으로 다른 성질을 갖고 있다는 것을 이해하고 있다. (Spelke, 1991) 진화론적 관점에서 볼 때 물질계의 물체를 이해하기 위한 내용성이 풍부한 지적 모듈을 보유하는 것은 분명 유리했을 것이다. 미슨은 기술 지능이 이런 직관적 물리학(intuitive physics)으로부터 나오며 이것의 기원은 극히 제한된 범위의 형태의 석기를 제작했던 호모 하빌리스(*Homo babilis*)로 거슬러 올라간다고 주장한다. 그에 따르면 기술 능력의 진화는 호모 하빌리스의 조잡한 석기에서 대칭적이고 다양한 형태의 손도끼를 제작하기 시작한 초기 인류를 거쳐 1만 년 전쯤에 농경 기술의 발명과 같은 기술 혁신에 이르렀다. (Mithen, 1996)

그렇다면 어떻게 이런 기술 혁신이 가능했을까? 미슨은 10만 년 전쯤부터 인간의 다중 지능들 — 자연사 지능, 사회 지능, 언어 능력, 그리고 기술 지능 — 이 일반 지능 속으로 융합되어 인식의 융통성이 생기기 시작했기 때문이라고 답한다. 그의 주장에 따르면 마음의 본성이 다음과 같이 진화함으로써 인류는 처음으로 농경 기술을 도입할 수 있었다. 첫째, 집중적으로 식물 자원을 거둬들이고 가공하는 데 사용할 수 있는 도구를 개발하는 능력을 획득했다. 이것은 기술 지능과 자연사 지능이 통합됨으로써 발생했다. 둘째, 동식물을 사회적인 신망과 권력을 획득하기 위한 방편으로 이용하는 성향을 가지게 되었다. 이것은 사회적 지능과 자연사 지능이 통합됨으로써 발생했다. 셋째, 구조적으로 사람에 대한 관계와 비슷한, 동식물과의 '사회 관계'를 발전시키는 성향을 가지게 되었다. 이것은 사회적 지능과 자연사 지능이 통합됨으로써 부가된 결과이다. 넷째, 기술 지능과 자연사 지능이 통합됨으로써 발생한, 동식물을 조작하는 성향이 있다. 이 네 가지 능력과 성향은 인류가 동식물과 맺는 상호 작용의 본질을 뿌리째 바꾸어 놓았다. 지난 빙하기 끝에서 사람들이 엄청난 환경 변화에 직면했을 때, 그들로 하여금 해결책을 찾을 수 있도록 해 준 것은 바로 인식의 융통성을 지닌 마음이었다. (Mithen, 1996)

이렇게 미슨은 마음의 '구조(architecture)'가 어떻게 진화해서 현재의 상태에 이르게 되었는지를 고고학적으로 연구함으로써 지능 진화론을 명시적으로 제시하고 있는 셈이다.

　기술 진화론의 둘째 유형은 진화 생물학에 등장하는 주요 용어들과 개념들을 **은유적으로** 사용해 기술 영역에 적용하려는 시도이다. 즉 기술 변화에 대한 진화론적 설명이다. 첫째 유형인 기술 지능 진화론과 이것을 구별하기 위해 우리는 여기에 '기술 변동 유비 진화론(analogical evolutionary theory of technological change, 이하 줄 '유비 진화론')'이라는 이름을 붙일 수 있을 것이다.

　유비 진화론자들도 지능 진화론자들과 마찬가지로 생물 진화론의 핵심 원리들을 숙지하지 않고는 의미 있는 주장을 할 수가 없다. 하지만 유비 진화론은 지능 진화론에 비해 더 친숙해 보인다. 컴퓨터, 자동차, 휴대폰을 개발할 수 있는 **능력을** 진화론적으로 설명하는 것보다는 그 기술과 디자인이 어떻게 변화해 왔는지를 생물 진화론에 **빗대어** 설명하는 쪽이 훨씬 더 쉽지 않은가? 이 설명을 위해 생물 진화론 지식이 얼마나 필요한지를 비교해 보아도 유비 진화론이 지능 진화론보다 더 용이해 보인다.

　하지만 생물 진화론이 기술 현상에 별 문제 없이 곧바로 적용될 것인지는 그 자체가 논란거리이다. 특히 생물 영역의 변이 발생 방식과 비교했을 때, 기술 영역의 변이는 의도적으로 설계된다는 차이 때문에, 유비 진화론자들은 그동안 큰 곤란을 겪어 왔다. 게다가 생명의 역사는 진보적이라고 말하기 곤란한 반면 기술의 역사는 대체로 진보적이라고 말할 수 있다는 통념 때문에, 유비 추론의 유용성은 의심받아 왔다. 그럼에도 불구하고 기술 진화론자들은 아직도 유비 진화론자들이 대부분이다. 유비 진화론자들은 지능 진화론자들과는 달리 주로 기술 자체를 자신의 탐구 대상으로 삼고 있는 학자들이다. 예컨대 유비 진화론의 효시격인 조지 바살라(George Basalla)를 비롯해서 존 자이먼(John Ziman)이 편집한 책의 여러 저자들은 이른바 기술학 전공자들이다. (Basalla, 1988; Ziman, 2000)

　기술 진화론의 마지막 유형은 유비 진화론자들이 직면했던 앞의 문제들과 관련이 있다. 이 입장에 따르면 기술 진화를 논하기 위해 우리는 구차하게 은유에 억매일 필요가 없다. 왜냐하면 두 영역(생물과 기술)을 전부 포괄하는 **더 일반적인 진화 메커니즘**을 제시할 수도 있기 때문이다. 즉 이 입장은 더 일반적인 진화 메커니즘으로 생물의 진화와 기술의 진화를 동시에 설명하려는 시도이다. 우리는 이것을 '기술 변동 일반 진화론(general evolutionary theory of technological change, 이하 '일반 진화론')'이라고 부를 수 있을 것이다. 생물 철학자 데이비드 헐(David Hull)은 자신의 진화 인식론을 펼치면서 과학(기술이 아닌)에 대해서 이런 입장을 견지했다. (Hull, 1988) 기술의 진화에 대해서도 이것과 유사한 접근은 가능하며 유용할 것이다.

7. 진화적 융합과 기술 혁신

　그렇다면 앞의 기술 진화론들은 기술 혁신에 대해 어떤 설명을 할 수 있을까? 여기서는 유비 진화론과 일반 진화론적 관점에 대해서만 논의하기로 하자. 우선 기술 혁신에 대해 유비 진화론자들은 무엇을 말하는가?

　대표적 유비 진화론자인 바살라는 다양성, 연속성, 새로움, 선택을 선정했고, 기술 진화론 연구서를 편집한 자이먼은 변이, 선택, 복제, 확산 등을 들고 있다. 흥미롭게도 자이먼은 유비를 '구조적 유비(변이, 선택, 복제, 확산)'와 '현상적 유비(종분화, 수렴, 증가하는 복잡성, 자기 조직화, 군비경쟁, 적응도 만족, 흔적·적소 경쟁, 다양화 등)'로 구분하고 전자에 더 큰 의미를 두었다. 이 두 입장의 공통 분모를 찾아보면 대체로 **변이, 선택, 전달** 정도가 될 것이다. 그런데 이 셋은 다윈주의의 세 가지 중심 요소이기도 하다. 기술 진화론자들보다 훨씬 더 일찍 다윈의 자연 선택론을 진지하게 받아들였던 진화 인식론자들도 이 세 가지 요소를 가장 중시한다. 진화 인식론을 가장 포괄적으로 발전시킨 도널드 캠벨(Donald Campbell)은 이와 유사하게 "맹목적 변이와 선택적 보존(Blind

Variation & Selective Retention)"으로 정리했다.

기술 혁신에 대한 유비론자의 입장을 이해하려면 변이에 대한 그들의 생각부터 들어봐야 한다. 생물 영역에서 변이 출현의 무작위성은 대체로 다음의 세 가지 의미로 이해된다. (i) 발현된 변이들은 환경적 조건과는 독립적이다. 즉 일어난 변이는 환경에 의해서 부추겨지지 않고 오히려 자율적 기제를 통해서 발생한다. (ii) 유전적 변화의 발생은 개별적으로 개체가 직면하는 환경적 문제에 대한 하나의 해답과 연관되어 있지 않다. (iii) 부정확한 시행에 대한 변이라고 해서 이전의 실패한 변이들을 교정하는 것은 아니다. 이런 의미에서 생물학적 변이는 분명히 무작위적이다. 그러나 유비 진화론의 반대자들은 기술 변이가 환경 조건에 의존하기 때문에 생물 변이와는 근본적으로 다르다고 비판한다. 즉 유전 변이는 환경에 의해 유도되지 않는 반면 과학 기술자들은 인식된 문제들을 풀기 위해 의식적으로 무언가를 설계한다는 것이다.

> 가장 분명한 차이는 새로운 인공물들이 무작위적으로 생성되지는 않는다는 사실이다. 그것들은 거의 언제나 의식적 설계의 산물이다. 신다윈주의 용어로 표현하자면, 그것들은 '바이즈만적(Weismanian)'이지 않다. …… 기술 혁신은 생물학에서 대개 금기된 라마르크주의적 특성을 가진다. (Ziman, 2000, 5쪽)

하지만 무작위성 개념은 재검토될 필요가 있다. 엄격히 말해 '무작위적'이란 용어는 '천리안적(clairvoyant)'이라는 용어와 대조되는 방식으로 이해될 필요가 있다. 특정한 문제를 해결하도록 압력을 받을 때 과학 기술자들은 여러 가지 실험과 생각을 실행해 본다. 하지만 이렇게 의도적인 문제 해결자가 된다고 해서 그런 실행이 '정확한' 답을 향해 편향되지는 않는다. 물론 앞선 연구 성과에 기초하여 과학 기술자들은 탐색 공간을 좁힐 수는 있을 것이다.

그러나 새로운 문제 상황이 발생하면 그들은 또다시 무작위적으로 해답을 찾아 나설 수밖에 없다. 그렇다면 무작위적 변이란 결국 '정당화되지 않은(unjustified)' 변이 정도로 해석될 수 있을 것이다. (Campbell, 1974, 139~161쪽)

이런 식의 무작위성 개념은 생물 영역에서도 잘 작동한다. 논리적 생명 공간에서는 돼지가 날개를 갑자기 달 수도 있겠지만 그것은 어디까지나 논리적 가능성이지 생물학적(발생학적) 가능성은 아니다. 왜냐하면 돼지의 현재 골격 구조나 생리적 구조 자체는 날개의 발생을 방해하기 때문이다. 생물 변이에서도 이렇게 무작위성은 무제한성을 뜻하지는 않는다. 하지만 많은 이들이 이 둘을 혼동해서 유비 진화론을 반대한다.

이런 맥락에서 '참신함(novelty)'의 출현에 대한 바살라의 입장은 기술 변이의 무작위성을 매우 분명하고 정확하게 드러내 준다. 그는 바퀴, 자동차, 트럭 등의 발명을 사례로 들면서 "필요는 발명의 어머니다."라는 통념을 비판한다. 그에 따르면 기술 변이(참신함)는 과학 기술자들이 이미 주어진 어떤 문제를 해결하는 과정에서 생성되기도 하지만 상상과 놀이를 위해서도 만들어진다. (Basalla, 1988, 9~45쪽) 요구가 있다고 만들어지는 것도 아니고 만들어져 있다고 해서 그럴 만한 필요가 이미 있었다고 단정할 수 없다는 주장이다. 바살라의 주장처럼 필요와 발명 사이에 이 정도의 느슨함이 존재한다면 생물 영역에 존재하는 환경과 변이 간의 느슨함도 그와 크게 다를 바 없다. 따라서 적어도 변이에 관한한 유비 진화론에는 큰 문제점이 없다.

그럼에도 불구하고 바살라는 자신이 참신함에 대한 포괄적 이론을 제시할 수는 없다고 말한다. 즉 참신함이 무작위성 여부에 대해서는 말할 수 있지만 그 밖에 구체적인 메커니즘을 말하기는 곤란하다는 주장이다. 왜냐하면 너무 이질적인 여러 요인들이 참신함의 발생에 관여하기 때문이다. 실제로 그는 심리학적·지적·사회적·경제적·문화적 요인들이 참신함의 발생에 어떻게 관여하는지를 분석했지만 그것을 통합해 하나의 기술 발생론을 제시하지는 않았다.

참신함은 물질 문화의 현상이기 때문에 설령 우리가 새로운 인공물의 등장을 완벽하게 설명할 수 없다고 하더라도 이 책에서 전개한 진화 이론은 아무런 타격도 입지 않는다는 사실이다. 실제로 현대의 기술 진화 이론가들은 다윈주의자들이 1859년에 직면했던 것과 똑같은 딜레마에 봉착하고 있다. 다윈주의자들은 번식적 변이의 존재를 자연에서 나타나는 하나의 사실로 지적할 수는 있었지만 현대 유전학의 지식을 갖추지 못했기 때문에 변이가 어떻게 그리고 무슨 이유로 등장하는지 정확하게 설명할 수 **없었다.** 이와 마찬가지로 기술 진화 이론을 주장하는 우리에게도 다윈은 있지만 아직 멘델은 없는 셈이다. (Basalla, 1988, 311쪽)

나는 이 대목에서 1~5절에서 논의된 '진화적 융합에 의한 자연의 혁신'이 시사점을 줄 수 있다고 생각한다. 즉 발생의 열쇠를 쥐고 있는 *Hox* 유전자와 유전자 조절망 등의 발견은 생물 영역을 넘어서 기술 혁신의 메커니즘을 밝히는 작업에도 흥미롭게 적용될 만한 소재이다.

실제로 최근에 샌타페이 연구소의 W. 브라이언 아서(W. Brian Arthur)는 『기술의 본질: 기술은 무엇이고, 어떻게 진화하는가(*The Nature of Technology: What it is and How it evolves*)』라는 책에서 이것과 비슷한 작업을 했다. (Arthur, 2010) 그에 따르면 기술의 역사에서 참신한 기술은 이미 존재하는 '기술들의 조합'으로 발생한다. 가령 GPS를 보자. 이것은 적어도 4개의 위성으로부터 신호가 이동하는 데 걸리는 시간을 측정한다. 이런 시간들과 위성의 위치를 알게 되면 GPS는 위치의 좌표를 정확하게 계산해 낸다. 이것을 하기 위해 GPS는 이미 존재하는 위성 기술, 계산칩 기술, 레이더 송신 기술, 트랜스미터(transtnitter)와 원자 시계에 대한 기술들을 전부 조합해야 한다. 즉 참신한 기술은 이미 존재하는 기술들의 조합으로부터 발생한다. 기존의 기술들은 아직 나타나지 않은 미래 기술들의 빌딩블록으로 기능한다. 아서는 이 메커니즘을 기술의 "조합 진화(combinatorial evolution)"라고 명명했다. 그리고 기술을 "자기 생산적(autopoietic)"이라고 규정한다.

여기서 흥미로운 점은, 아서가 생물 영역에서는 이런 조합 진화가 일어나긴 하지만 다윈주의 진화 메커니즘에 잘 들어맞지 않는다고 지적하는 대목이다. 좀 더 구체적으로 말하면, 기술의 혁신은 기본적으로 조합 진화를 통해 일어나는 반면 자연의 혁신은 기본적으로 다윈이 제시한 '변이와 선택' 메커니즘을 통해 일어난다는 것이다. 하지만 앞의 1~5절에서 살펴보았듯이, 현대 진화론의 총아인 이보디보의 관점에서는 오히려 자연의 혁신을 모듈성의 증가를 통해 이해하는 것이 더 설득력이 있다. 내가 말한 모듈성의 증가는 아서가 표현한 '조합 진화'와 거의 일치한다. 그렇다면 혁신 메커니즘은 자연의 영역이나 인공물의 영역에서나 동형적이라고 할 수 있을 것이다. 내 식으로 표현하면 자연과 인공물의 혁신은 모두 '진화적 융합'을 통해 진화해 왔다.

이 동형성은 기술 진화론의 세 번째 유형, 즉 일반 진화론을 자연스럽게 떠올리게 한다. 즉 유비 진화론에 만족하지 않고 생물 변화와 기술 변화에 공히 적용되는 더 일반적인 진화 메커니즘을 찾는 작업을 상상하게 된다. 이 '일반 진화론'의 대표적인 학자인 생물 철학자 헐은 모든 선택 과정에 적용 가능한 일반적 진화 개념을 제시했다. 그것은 '복제자(replicator)', '상호 작용자(interactor)', '선택', 그리고 '계통(lineage)'이다. (Hull, 1988) 인지 철학자 대니얼 데닛(Danniel C. Dennett)의 복제자 이론도 일반 진화론의 한 유형이다.[*]

우리는 왜 융합에 관심을 기울이는가? 융합 자체가 목표라기보다는 그것을 통해 혁신적 결과물(지식이든 기술이든)을 얻고자 하기 때문일 것이다. 그렇다면 융합과 혁신의 고리를 탐구하는 작업은 매우 가치 있는 일이 된다. 이 글을 쓴 나의 문제 의식은 '자연계와 인공계에 공히 적용되는 혁신의 일반

---

[*] 나도 데닛의 복제자 이론의 연속선상에서 '일반 복제자 이론'이라는 이름으로 일반 진화론을 발전시키고 있다. (장대익, 2008)

메커니즘을 찾을 수 있을까?'라는 것이었다. 이 과정에서 '진화적 융합'이라
는 개념을 생각해 보았다. 진화적 혁신의 산물이기도 한 우리, 그리고 그런
우리의 혁신적 산물(지식과 기술의 인공물)이 동일한 메커니즘(진화적 융합)을 통
해서 이해될 수 있다면, 내가 이 글에서 시도했듯이, 이 작업 또한 지식 융합
의 한 가지 사례가 될 수 있을 것이다.

장대익(서울 대학교 자유전공학부 교수)

8장 한국적 두 문화의 현대적 기원

I. 머리말

2000년대 이후 우리 사회가 겪고 있는 한 가지 중요한 문화적 변화로 '지식의 융합'이라는 화두 아래 이질적 학문 분야 사이에 시도되고 있는 대화와 교류의 움직임을 꼽을 수 있을 것이다. 과학과 공학의 여러 전문 분야를 넘나드는 연구 프로젝트가 기획·진행되고, 이러한 흐름을 장려하기 위해 정부와 기업은 연구비를 융합 관련 분야에 집중 지원하고 있다. 하지만 무엇보다도 지식인 사회의 전반적 관심은 과학과 인문학, 과학과 예술 등 이전에 문화적으로 거의 완전한 단절 상태에 있던 과학과 '비과학' 분야 사이의 교류와 융합 쪽으로 모이고 있다. 생물학, 물리학 분야의 전문적 쟁점에 관한 일반 지식 사회의 관심이 증가하고 있고, 그에 호응하여 자신의 전공 분야가 지닌 인문학적·사회 과학적·예술적 함의를 대중적이면서도 깊이 있게 표현해 낼 능력을 지닌 과학 기술자가 여럿 등장하고 있다.

우리 사회에서 지식의 융합이 관심의 초점으로 부각된 원인으로 2000년대 들어 우리 학계에 일어난 다음의 두 가지 변화를 생각해 볼 수 있을 것이다. 첫째, 이것은 지금까지 서구와 일본의 선진 지식을 뒤따라 학습해 가던 우리 학계가 이제는 스스로 새로운 지식을 창출해야 할 단계에 접어들었음을 반영한다. 외국 학계가 정해 놓은 분야 구분에 따라 정돈된 기성 지식을 학습하는 일만으로는 지식의 새로운 지평을 열어 갈 수 없다는 자각이 한국의 과학자, 인문학자, 사회 과학자들 사이에서 생겨나고 있는 것이다. 둘째, 우리 과학 기술이 몇몇 분야에서 첨단 수준에 진입하면서, 우리 사회가 세계적으로 선례가 없는 사회 문화적 문제에 봉착하는 경험을 겪게 되었다는 것이다. 예를 들어, 인터넷 통신망의 광범한 보급과 인체 배아 줄기 세포 연구는 좁은 전문 분야를 넘어서는 사회 문화적 문제를 낳았고, 이에 관해 논쟁하는 과정에서 자연스레 역사학, 철학, 사회학, 윤리학과 같은 인문학, 사회 과학의 관점이 개입될 수밖에 없었다. 우리도 이제는 과학 기술을 인문학, 사회 과학의 관점에서 이해하고 비평해야 할 단계에 접어든 것이다. 요컨대 지식의 융합, 특히 과학 기술과 인문학, 사회 과학의 융합은 현재 한국 사회가 처한 상황에서 필연적으로 요청되는 과제인 것이다.

하지만 최근 시도되고 있는 융합의 움직임이 과연 바람직한 방향으로 잘 이루어지고 있는지에 대해서는 회의적 시각이 많은 것도 사실이다. 특히 과학과 인문학, 사회 과학, 예술의 융합을 다룬 시도는 대개 몇몇 관심 있는 지식인들이 모여 피상적 환담을 나누는 수준에 머무는 경우가 많다.

융합 시도가 그리 깊이 있는 성과로 이어지지 않는 이유로 여러 가지를 생각해 볼 수 있지만, 이 글에서 주목할 문제는 아직도 우리 학계가 개선해야 할 현실 자체를 제대로 진단하지 못하고 있다는 것이다. 우리 사회에서 과학과 인문학, 사회 과학, 예술 사이의 분리가 심각한 상황이라는 점은 널리 인식되고 있지만, 그 문제가 언제, 왜, 어떤 방식으로 형성되어 지금까지 유지되고 있는지에 대해서는 충분히 탐구되지 않았다는 것이다. 대개는 우리의 현실을 찰스 퍼시 스노(Charles Percy Snow)가 자신의 고전적 저서에서 주로 영국 사회를 두고 분석한 '두 문화' 현상에 빗대어 이해하는 수준에 머물고 있다. (스노우, 2001) 현재 우리 사회가 요청하고 있는 과학과 '비과학' 사이의 융합이 성공적으로 이루어지려면, 먼저 우리가 독특한 방식으로 겪고 있는 '두 문화'의 현실이 어떤 것인지에 대해 좀 더 면밀한 진단이 이루어질 필요가 있는 것이다.

이것을 위해 이 글에서는 현대 한국 사회에서 과학과 인문학, 사회 과학, 예술 등 여타 문화 영역 사이에 심각한 균열이 일어난 역사적 과정을 탐색해 보려 한다. 이 글에서 택한 기본적 관점은 한국적 두 문화 현상의 유래를 우리 사회에 현대 과학이 제도적으로 정착하던 최근 시기의 독특한 지적·문화적 지형에서 찾아보려는 것이다. 이러한 관점은 한국적 두 문화 현상을 과학을 천시하던 과거 조선 유교 문화의 장기 지속적 영향으로 이해한 기왕의 몇몇 논의와 입장을 달리하는 것이다. 이 글에서는 먼저 이러한 입장을 비교적 체계적으로 개진한 1980년대 박성래와 김영식의 논의를 비판적으로 검토한 뒤, 한국적 두 문화 현상을 이들의 접근과는 달리 현대 한국 사회의 문화적 맥락에서 새로이 형성된 현상으로 볼 것을 제안하고자 한다. 즉 한국적 두 문화 현상은 유교 문화의 영향 또는 조선 시대 양반 사대부와 중인 기술자의 계층적 분리가 현대에 재현된 것이 아니라, 현대 과학이 등장하던 최근 시기의 국지적 맥락에서 형성된 어떤 문화적 간극을 반영하는 현상이라는 것이다.

이를 위해 주목할 수 있는 시기로는 한국 사회에 근대 문화가 본격적으로 등장한 1920~1930년대, 그리고 과학 기술이 제도적으로 급격히 성장하기 시작한 1960~1970년대를 꼽을 수 있을 것이다. 이 연구는 일단 후자의 시기에 주목할 것이다. 물론 1920~1930년대 식민지 조선 사회에 근대적 지식인 사회가 형성되면서 과학 기술 관련 담론들이 등장했고, 그 특징이 이후에 지속적 영향을 미쳤을 것이다. 하지만 이 시기는 아직 한국인 과학 기술자 집단이 유의미한 규모로 형성되기 전으로서, 한국적 두 문화 현상이 과학 기술자와 여타 지식인 사이의 집단적 간극으로 나타나지는 않았던 때였다. 따라서 이후 '두 문화'라고 불리게 되는 현상에 대한 인식도 당시의 지식인에게서 두드러지게 발견되지 않는다. 이에 비해 1960~1970년대는 한국 사회에 과학 기술이 제도적 실체로, 그 실행자들의 사회적 조직으로 분명히 모습을 드러낸 시기이다. 이렇듯 새로이 등장하던 과학 기술과 과학 기술자 사회가 당시 사회의 문화적 지형에서 여타 요소들과 어떤 방식으로 관계를 맺었을까? 이 글은 한국적 두 문화 현상이라고 부른 현상의 실체를 그 관계 맺음의 독특한 양상에서 찾아보려는 시도라 할 수 있다.

2. 유교 문화와 한국적 두 문화 현상

한국 현대 사회에서 과학 기술과 그 밖의 문화 영역 사이의 분리에 대해 깊이 있는 진단이 처음 이루어진 것은 아마도 1980년대 몇몇 과학사 학자에 의해서일 것이다. 박성래와 김영식은 각각 「조선 유교 사회의 중인 기술 교육」, 「한국 과학의 특성과 반성」 등의 글을 통해 당시 한국 과학 기술이 겪고 있던 문화적 병리 현상을 진단했다. (박성래, 1983; 김영식, 1988; 1998) 이들은 공통적으로 과학과 여타 문화 영역 사이의 단절, 또는 과학이 사회의 정당한 문화적 요소로 인정받지 못하는 현실을 중요한 사례로 다루었다. 김영식이 지적하듯, 과학 기술이 정부와 사회의 보호를 받으며 성장했지만 여전히 "한국 문화 전반에 완전히 동화되지 못하고", "단순히 외래의 것일 뿐만 아니라 어쩐지 '문화적'이지 못하며 심지어는 '지성적'이지도 않은 것처럼 비춰지고" 있다는 것이다. (김영식, 1998, 346~347쪽)

이러한 논의가 그 시점, 그 인물들에 의해 이루어진 데는 나름의 이유가 있다. 우선, 1980년대 초반은 1960년대 후반 '과학 기술의 붐' 이래 20년 가까이 진행된 정부의 과학 기술 투자가 가시적 결과를 드러낸 때로서, 그 성과와 한계를 확인하고 평가할 수 있게 된 시기이다. 서울과 대덕에 일련의 정부 출연 연구 기관이 건설되었으며, 과학 기술 진흥을 위한 여러 법적·제도적 장치가 갖추어졌고, 과학 기술의 제도적 팽창에 발맞추어 과학자, 엔지니어 집단이 성장하고, 그들의 연구 활동 규모도 크게 확대되었다. 한국에서 현대적 과학 기술이 사회적으로 유의미한 실체로, 반성과 비평의 대상으로 모습을 드러낸 것이다.

박성래와 김영식이 당시 과학의 여러 문제 중에서도 좀 더 현실적인 정책의 문제보다는 한국 과학의 문화적 병리 현상, 특히 과학과 여타 문화 영역의 분리 현상에 주목한 것은 당시 과학과 인문학의 중간 영역에서 제도적 정착을 꾀하고 있던 초창기 과학사 학자들의 입지와 전략을 잘 반영한다. 즉 이들은 과학 기술이 사회 문화적 진공에서 이루어지는 자연 탐구 또는 그 결과물의 중립적 응용이 아니라, 사회의 정치, 경제, 문화와 유기적으로 상호 작용하는 문화의 한 요소라는 과학사의 일반적 통찰을 한국 사회에 적용하려 한 것이다.* 하지만 아이러니하게도 박성래와 김영식은 한국 사회의 문화적 구성 요소인 과학 기술이 실제로는 한국 사회에서 고상한 문화의 일원으로 인식되지 못하고 있는 현상에 대면했다. 과학 기술이 박정희 정부의 적극적 지원을 통해 제도적 영역에서 급격히 성장했지만, 문화적으로는 여전히 이질적 존재로, 서양에서 갓 건너와 아직 한국 사회에 귀화하지 못한 이방인 또는 산업 발전을 위한 '용병'의 처지에 머물러 있었다는 것이다.

이들은 이러한 과학의 문화적 소외 현상을 조선 시대 이래 한국 과학사의 전개, 조선 후기 이래 '서양 과학 수용'의 역사라는 거시적 관점에서 추적했다. 두 사람의 논의 방식과 논조에는 여러 차이가 있지만, 이들이 공통적으로 주목한 것은 "실용적·전문적 과학 기술을 천시한" 전통 유교 문화의 힘이었다. 조선 사회가 유교화되는 과정에서 양반 엘리트의 정치·문화 질서는 성리학으로 대표되는 인문학 중심으로 재편되었고, 그에 비해 실용적·전문

---

* 좀 더 이른 시기에 '두 문화' 현상을 언급하면서 그 해결책으로 과학과 인문학 사이의 가교로서 과학사의 역할을 강조한 송상용의 논의도 같은 맥락에서 이해할 수 있다. (송상용, 1977)

적 과학 기술은 천시되어 국가 관료 체제에서 주변화되었으며, 조선 중기 이후로는 양반 사족의 하위에 위치한 전문 기술직 중인(中人) 집단에 전속되었다. 유교적 엘리트의 과학 기술 천시 경향은 전문 기술직 중인 계층에도 내면화되어, 그들은 "폐쇄적 세계관과 이기적 의식"(박성래, 1983, 288쪽), "전체 사회와 국가에 대한 관심의 결여"(김영식, 1998, 350쪽)로 특징지어지는 이른바 '중인 의식'을 지니게 되었다. 이들에 따르면, 1970~1980년대 한국 사회의 과학 기술 및 그 실행자의 사회 문화적 위치는 조선 시대 중인 집단과 근본적으로 다르지 않았으며, 실은 그것이 현대 사회에 지속된 현상이었다. 비록 서양 근대 과학의 수용으로 인해 현대 한국 "과학 기술의 내용과 방법은 과거의 그것들과 단절되었지만 전통 과학 기술의 **사회적 맥락**은 현재의 상황에서 계속해서 영향을 미치고 있다."라는 것이다. (김영식, 1998, 349쪽. 강조는 인용자)

김영식은 조선 시대와 현대 사이에 존재하는 '사회적 맥락'의 연속성을 뒷받침하는 요인의 하나로 '동도서기론(東道西器論)'으로 대표되는 19세기 후반 조선 정부와 엘리트의 '실용적이고 공리주의적인' 서양 과학 수용 태도에 주목했다. 즉 서양 과학을 유교 사회의 문화적 정수인 '도(道)'를 구현하기 위한 '도구(器)'로 간주하던 19세기 후반의 사고 방식이 현대 한국 사회까지 이어졌고, 그 결과 여전히 "과학 기술이 한국 문화 전반에 완전히 동화되지 못하고" 부국강병을 위한 도구로만 비춰지게 되었다는 것이다.

그러나 현대 한국 과학 기술에 미친 유교 문화의 지속적 영향을 강조한 박성래와 김영식의 진단은 지금의 입장에서 보자면 과학과 문화의 한국적 분리 현상에 관한 역사학적 설명이라기보다는 오히려 그 현상의 일부에 가까워 보인다. 물론 옛 조선의 문화가 20세기의 현대화 과정에 어떤 자국을 남겼는지 물은 그들의 질문이 한국 과학사의 중요한 연구 과제를 제시했음을 부인하는 것은 아니다. 한국을 비롯한 비서구 사회가 겪은 현대화 또는 서구화 과정에서 토착 사회의 문화가 외래의 요소와 만나 독특한 문화적 혼종을 만들어 내는 과정은 오늘날 탈식민주의 문화 비평 및 역사학의 중요한 관심사이다.

　　하지만 그들이 과학 기술의 '정상적' 발전을 왜곡시킨 유교 문화의 '부정적' 영향을 강조했다는 점에 주목할 필요가 있다. 이는 탈식민주의 비평의 관점보다는 1960~1970년대 한국의 근대화·과학화·서구화를 추구하던 박정희 정부와 이것을 지지하던 지식인의 지향, 더 나아가 제3세계 경제 개발을 원조하던 서방 진영 국제 기구의 정책 지향과 더 친화력이 있다. 1950~1960년대 미국의 경제학자이자 정책가인 월터 로스토(Walter W. Rostow)의 경제 발전 5단계론에서 전형적으로 드러난 이러한 지향은 비서구 사회의 '척박한' 문화적 토양에 서구적 산업과 과학 기술을 이식하기 위해 필요한 사회 문화적 조건을 탐구하여 이를 창출하기 위한 정책을 제안했고, 이는 미국의 원조 기관과 국제 기구의 제3세계 정책에 반영되었다.

　　이러한 입장을 과학사 분야에 구체화시킨 조지 바살라는 1967년 「서구 과학의 확산(The Spread of Western Science)」이라는 유명한 논문에서, 비서구 나라에 독립적 과학 전통이 성숙되기 위한 조건의 하나로 과학에 적대적인 토착 문화의 극복을 들었다. (Basalla, 1967) 그의 주장에 따르면 동아시아의 유교 전통이 서구 과학에 적대적인 토착 문화의 주요 사례였다. 즉 유교 문화는 서구에서 유입된 과학과 정당하게 상호 작용할 상대가 아니라 서구 과학의 정상적 이식을 위해 제거해야 할 장애 요인이었다. 이러한 관점은 비서구 사회의 근대적 엘리트 사이에 폭넓게 수용되었고, 이것은 1960년대 박정희 군사 정부의 근대화 프로젝트가 시작된 이후 한국 사회에서도 마찬가지였다. (정용욱, 2004)

　　하지만 이 글의 초점이 바살라의 논의와는 반대로 유교 전통이 서구 과학에 적대적이지 않았음을 강조하는 데 있지는 않다.* 중요한 것은 한국적 두 문화의 요인으로 유교 문화의 지속적 영향을 강조한 박성래, 김영식의 입장

---

* 17~19세기 중국 과학사에서 유교적 전통의 역할을 전향적으로 평가하려는 최근의 시도로는 Elman (2005)을 참고할 수 있다.

이 실은 1960~1970년대 비서구 사회의 근대화를 둘러싸고 한국을 비롯하여 서방 국가의 헤게모니가 관철되던 지역에 유행하던 지배 담론을 재생산하고 있었다는 것이다. 그런 점에서 이들의 논의는 한국적 두 문화 현상, 또는 근대 과학을 자기 문화의 토양에서 만들어 내지 못하고 수입해야 했던 제3세계 나라가 겪은 '비서구적 두 문화' 현상의 한 표현이자, 그 문제를 탐구하려는 그들의 진지한 문제 의식에도 불구하고 도리어 그 현상을 독특한 방식으로 구성하고 뒷받침하는 데 기여하고 있었다고 볼 수 있다. 영국 사회를 사례로 제시된 스노의 두 문화 현상과 달리, 비서구 사회의 두 문화는 '서구/비서구' 또는 '서양/동양' 사이 문명 차원의 단절이라는 여분의 측면을 가지고 있었던 것이다.[*]

유교 문화를 한국적 두 문화의 원인으로 보는 입장이 특정한 역사적 맥락에서 이루어진 주장이며 나아가 한국적 두 문화를 독특한 방식으로 구성했다고 해서, 한국의 두 문화 담론이 전적으로 조작되었다는 것은 아니다. 박성래와 김영식이 "유교 문화", "중인 의식"이라고 지칭한 문화적 요소의 영향이 없었다는 것도 아니다. 요점은 한국적 두 문화 현상을 스스로 근대 과학을 산출하지 못한 비서구 문화가 낯선 서구 과학의 유입에 저항함으로써 비롯된, 일종의 불가피한 문화적 충돌의 결과로 보아서는 안 된다는 것이다. 대신 그 현상을 우리 사회에 현대 과학이 형성되던 시기에 한국의 정치 지도자, 지식인, 과학자가 각자의 이해 관계에 따라 행한 이념적·문화적 선택에 의해 일어난 현상으로 보자는 것이다. '유교 문화'라는 무정형의 문화적 요소는 당시 행위자들에 의해 독특한 방식으로 이해되어 수사학적으로 동원됨으로써 그 영향력을 발휘하게 된다. 흥미로운 것은 행위자들에 의해 수사학적으로 동원된 '유교 문화'가 그 과정에서 독립된 행위 능력을 부여받아, 도리

---

[*] 예를 들어, 박성래는 한국의 현대 과학 기술에 선진국에서도 나타나는 두 문화 현상과 한국에만 독특하게 존재하는 "중인 의식"의 문제가 중첩되어 나타난다고 보았다. (박성래, 1998, 300쪽)

어 과학을 둘러싸고 만들어지던 실제의 문화적 균열을 은폐, 왜곡하는 효과
를 냈을 수도 있다는 것이다. 한국적 두 문화가 행위자들 자신의 선택이 아니
라 마치 초역사적 문화의 작동으로 인해 일어난 것처럼 말이다.

3. 1960~1970년대 지식과 권력의 '비신성 동맹'

이 글에서는 우리가 최근까지 경험한 형태로서의 한국적 두 문화가 형성
된 시기로 1960~1970년대에 주목해 보려 한다. 한국의 현대 과학이 연구 기
관, 관련 정부 부처, 과학 기술자 단체 등을 보유한 제도적 실체로 급격히 성
장하던 그 시기에, 마찬가지로 급격한 변화를 겪던 한국 사회와 작용하면서
맺은 관계가 오늘날까지 이어지는 한국적 두 문화의 골격을 형성했다는 것
이다. 1960년대 중반 갓 모습을 드러내고 있던 현대 과학 기술의 문화적 위
치를 틀지은 주된 요인으로 특히 5·16 군사 정변 이후에 진행된 지식인 사회
의 분화와 재편 과정에 주목에 볼 필요가 있다. 과학이 일종의 지식이며, 과
학 기술자가 일종의 지식인으로 간주되었으므로, 1960년대 한국 지식층 전
반의 지형과 그 변동은 당시 모습을 드러내던 과학 기술의 사회 문화적 입지
를 결정하는 데 중요한 영향을 미쳤을 것이기 때문이다.

한국 현대사 연구자 정용욱은 최근의 연구에서, 1950년대 이후 고등 교육
의 팽창과 대규모 해외(미국) 유학을 통해 그 규모가 급격히 성장한 한국 지식
인 계층이 5·16 군사 정변 이후 분화하는 양상에 주목했다. 한편에서 로스
토 등 미국의 근대화론자들이 제3세계 근대화를 위해 필요하다고 역설했던
군부와 세속적 지식인(경제학자, 엔지니어, 농학자, 법률가, 행정가, 의사, 교수, 언론인 등)
의 '비신성 동맹(unholy alliance)'이 형성된 데 반해, 그 동맹에서 소외되었거
나 그에 대항하는 비판적 지식인 그룹이 등장했다는 것이다. (정용욱, 2004)

'비신성 동맹'이란 로스토와 밀리컨이 참여해서 작성한 MIT 국제학 연구

소의 보고서(1960년)에 사용된 용어이다. 그들은 제3세계 나라의 근대화는 "사회 안정을 유지할 통합력을 갖고 있는 군인과 개혁을 수행하는 데 필요한 지식을 갖고 있는 세속적 인텔리"의 동맹이 없이는 성공할 수 없다고 진단했다. 이러한 제안은 5·16 군사 정권이 교수, 전문가 집단을 폭넓게 동원함으로써 한국 사회에서도 실현되었다. (정용욱, 2004, 169~176쪽) 정용욱이 지적한 권력과 지식의 결합(비신성 동맹)은 군부와 그에 영합하려는 기회주의적 지식인의 야합 이상의 의미를 지닌다. 이러한 동맹은 한국 사회에서 필요로 하는 지식의 성격, 지식인의 정체성과 사회적 역할에 대한 새로운 규범의 등장과 함께 이루어졌다. 당시 한국 사회에서는 폭넓은 문화적 교양을 지닌 유교적 지사(志士)로 대표되던 '옛 지식인'을 대신해서 전문적 지식과 소양을 갖춘 '기능적 지식인'이 새로운 지식인의 모델로 떠오르고 있었다.

주요한(朱耀翰)은 1964년《사상계》에 발표한 글에서 박정희의 공화당이 압승한 1963년의 총선을 그때까지 한국 정치를 주도하던 '문인적(文人的)' 또는 '문화적' 인텔리가 몰락하는 기점으로 판단했다. 그에 따르면, 옛 인텔리는 자본가 계급이나 전문적 행정·기술 인력이 성숙하지 못하던 시기에 순전히 문학적 또는 문인적 소양으로 사회 지도층 노릇을 하던 이들이었다. 이들은 "분파주의, 소영웅주의"에 매몰되어 이념적 분열을 일삼았으며, "경영 및 행정 기술이 결여되어 산업과 행정의 현대화를 지연"시켰다. 주요한은 5·16 직후의 한국 사회에서 이들 구세대 지식인을 대신할 새로운 엘리트의 등장을 요청하는 목소리가 높아지고 있음을 전하고 있다. 비록 주요한의 글에는 당시 실제로 모습을 드러내고 있던 신세대 지식인에 대해서는 직접적인 언급이 없지만, 과거의 '문인적' 인텔리에 대비되는 새로운 엘리트가 적어도 행정과 기술 분야의 전문적 소양을 지닌 지식인이어야 한다고 보았음은 어렵지 않게 추측할 수 있다.*(주요한, 1964)

---

* 주요한의 엘리트론은 당시 한국 사회에서 일어나는 변화와 함께 권력과 지식인 사이의 '비신성

　　박정희 정권은 바로 이들 새로운 유형의 지식인을 통치의 파트너로 삼고자 했다. 그렇다면, 박정희 정권이 추진한 '비신성 동맹'은 한국 전쟁 후 고등 교육 및 해외 유학의 팽창을 통해 이루어진 지식인 계층의 양적 성장과 질적 변화를 적극적으로 수용한 정책이며, 새로이 등장하는 현대적 인텔리의 이해 관계와도 일치하는 면이 있었다고 볼 수 있다. 박정희의 쿠데타가 적어도 그 직후 시기에는 지식인층의 광범한 지지를 받았던 것도 그 때문일 것이다.

　　하지만 정용욱은 박정희 정권의 세속적 연대와 그것이 대변하는 기능적 지식인상에 대한 비판 또한 1960년대 초부터 나타났음을 지적하고 있다. (정용욱, 2004, 176쪽) 예를 들어 언론인 송건호는 《사상계》에 실린 「민족 지성의 반성과 비판」(1963년)에서 '구지식인'에 대비되는 신지식인의 등장을 비판적인 논조로 살펴보았다. 그는 "지식이 없는 비전"을 제공하던 구지식인을 대신해서 "비전이 없는 지식"을 지닌 단순한 '기술자'로서 '신지식인'이 등장하여 5·16 이후 권력과 야합했다고 보았다. 그렇다고 그가 "지식 없는 비전"을 지닌 구지식인 상으로 회귀하자고 주장한 것은 아니다. 그에 따르면, 바람직한 지식인이란 "주어진 현실을 과학적으로 파악하여 앞날에 하나의 비전을" 제시하는 합리적·과학적 지식(Wissenschaft)의 보유자이다. 그런 점에서 송건호는 넓게 보아 새로운 지식인상을 옹호하는 진영에 속해 있었다. 그가 비판한 것은 5·16 이후 정권이 선호했고 그와 영합한 지식인이 "구체제를 타파하고 새 질서를 세울 혁명적 지성"이 아니라 사회에 대한 역사적 인식과 사상을 결여한 채 권력에 봉사하는 '방편'(도구)으로 전락한 '기술자'였다는

동맹'을 논의한 밀리컨 등의 영향을 깊게 받은 것이다. 하지만 그는 '비신성 동맹' 자체에 대해서는 지식인이 권위주의, 독재 정부에 협력하는 바람직하지 않은 일로 이해했다. 이를 통해 그는 은근히 당시 박정희 정권하에서 이루어지고 있던 지식인의 '타락'을 비판하고 있는 듯하다. 실제로 그는 새로운 세대의 엘리트가 지녀야 할 덕목으로 단순한 전문적 능력뿐 아니라, "민주적", "진실적", "실제적"이어야 한다며 도덕적 소양을 강조했다. 이는 곧이어 논의할 송건호의 주장과도 상통하는 면이 있다.

점이었다. 이때 그가 비판적으로 주목한 '기술자'는 주로 5·16 이후 "학계와 행정직의 요직을 차지한 아메리카 사회 과학의 훈련을 받은 일꾼"이었다. (송건호, 1963) 그가 보기에, 이들은 협소한 전문 분야의 지식을 소유한 기능인이었을 뿐 사회 전체의 혁신을 위한 이념적·사상적 전망을 합리적 방식으로 제시할 수 있는 이데올로그는 아니었다. 훗날 한완상이 『민중과 지식인』에서 제기한 "지식 기사"와 "지식인"의 구분이 이미 비슷한 형태로 등장하고 있음을 알 수 있다. (한완상, 1978)

1960년대 초 시작된 지식인 사회의 분화는 박정희 군사 정권에 대한 정치적 노선의 분화를 넘어서 더 근본적인 차원에서 일어나고 있던 지식인 사회의 문화적 균열을 반영한다. 이는 당면한 '민족 근대화'에 대한 상이한 전망, 유럽적 Wissenschaft와 미국적 science의 대립으로 요약될 수 있는 상이한 지적 원천, 지식인의 정체성과 사회적 역할에 대한 상이한 관점 사이의 대립이었다.

이렇듯 지식인 사회의 분화가 가시화되고 있을 즈음, 1965~1967년 '과학 기술의 붐'이 일어났다. 미국의 원조로 한국과학기술연구소(KIST), 한국과학원(KAIS)이 설립되었고, 국가 과학 기술 정책을 총괄할 정부 부처로 과학기술처가 신설되었으며, 과학기술진흥법이 제정되었다. 과학 기술자들은 한국과학기술단체총연합회를 결성하여 자신의 독자적 이해를 사회적으로 표출하기 시작했다. (문만용, 2007) 즉 한국 사회에 과학이 제도적 실체로 등장하고 과학자들과 엔지니어들이 자신의 목소리를 적극적으로 표출하기 시작한 일이 정용욱이 묘사한 지식인 사회의 분화와 시기적으로 일치했다.

1960년대 재편을 겪고 있던 지식인 사회의 문화적 지형이 동시대에 등장하고 있던 신생 과학 기술의 사회 문화적 위치에 상당한 규정력을 행사했을 것임은 쉽게 추측할 수 있다. 새로이 등장한 과학 기술이 정권-지식인의 동맹에 참여함으로써, 정권-지식인 동맹과 그에 대항하는 비판적 지식인 사이에 형성되던 간극과 균열을 강화시켰다는 것이다. 실제로 1960년대 중후반

‘과학 기술의 붐’은 박정희 정부와 과학 기술자들의 연합, 군사 정권과 과학의 연대가 본격화되었음을 뜻하는 사건으로 볼 수 있다. 정권과 기능적 지식인의 ‘비신성 동맹’에 과학 기술자들이 참여한 셈이다.

　정권과 과학 기술자의 동맹은 아직은 미약한 과학 기술에 대한 정권의 가부장적 보호와 후원의 형태로 이루어졌다. 이러한 관계를 드러내 준 것이 KIST에 보인 대통령 박정희의 지극한 애정이었다. 오늘날까지도 과학계에 전해오는 이야기에 따르면 박정희는 자주 KIST를 방문하여 연구원들을 격려하고 그들과 국가의 미래를 의논했다고 한다. 이러한 그의 과학자 사랑에서 당시 과학자들은 집현전의 ‘과학자’에 대한 세종(世宗)의 전설적인 배려를 떠올렸다. 실제로 당시 과학계에서는 “조선 시대 장영실(蔣英實)의 뒤에 세종이 있었고 KIST 뒤엔 박정희가 있다.”라는 말이 퍼져 있었다고 한다. 박정희와 세종의 동일시는 단순한 역사적 유비를 넘어서는 일로서, 박정희 정권과 과학 기술자를 포함한 전문적 지식인 사이의 강력한 연대를 역사적으로 정당화하는 진지한 사업의 성격을 지녔던 것으로 보인다. (임종태, 2010) 세종대왕기념관 건립 등 세종의 문화적 업적을 현창하는 사업이 1968년 과학 기술 붐의 시기에 시작된 일은 우연이라고 보기 어렵다. 과학 기술에 대한 박정희 정부의 후원은 세종과 그의 과학자들의 후원 관계가 역사적으로 재현된 현상으로 선전되었다.

　세종과 장영실의 관계로 이해된 정권과 과학의 연대는 1970년대를 거치며 계속 유지·강화되었고, 그와 함께 ‘재야(在野)’로 불리던 비판적 지식인 그룹과 과학 사이의 문화적 거리는 더욱 멀어졌다. 요컨대 한국적 두 문화, 과학과 문화의 심각한 단절 현상의 핵심에 바로 정권-과학의 ‘비신성 동맹’과 비판적 재야 지식인 사이의 문화적 균열, 그들이 서로에 대해서 느낀 문화적 거리감이 놓여 있었다는 것이다.

4. 한국적 두 문화

과학과 재야 지식인 사이의 문화적 간극은 구체적으로 어떤 양상으로 창출되었을까? 구체적으로 1960~1970년대 재야 지식인의 지향이 잘 표출된 《사상계》, 《창작과 비평》 등의 잡지와 박정희 정부 및 과학 기술자 사회의 입장을 드러내 주는 자료들, 특히 한국과학기술단체총연합회에서 발간한 잡지 《과학과 기술》의 논조에서 그 간극이 잘 드러난다. 흥미로운 것은 이 자료들이 과학과 문화의 분리, 과학 기술자와 재야 지식인의 간극을 분명한 상호 대립의 형태로 드러내 주지는 않는다는 것이다. 과학과 저항 문화, 과학자와 재야 지식인 사이의 문화적 간극은 적극적 대립과 논쟁이 아니라 상대에 대한 무관심, 상대의 정치적·과학적 실천에 대한 무관여의 형태로 나타났다.

이러한 양상은 과학 기술 붐이 본격화되기 직전인 1965년 초 《사상계》가 기획한 「과학 세기(科學世紀)의 전망」에 실린 글에서 이미 드러나고 있었다. 20세기 과학 문명에 대해 다양한 분야의 여러 논자들이 입론(立論)을 펼쳤지만, 프랑스의 저명한 지리학자이자 평론가인 앙드레 시그프리드(Andre Siegfried)의 번역 글과 조선일보 과학부 기자 이종수(李鍾秀)의 글 사이의 대비가 두드러졌다. 흥미로운 것은 이 두 글이 같은 쟁점에 대해 서로 상반된 주장을 펼치며 대립하고 있지 않았다는 것이다. 시그프리드(씨그프리드)의 글 "기술 문명의 방향―기술·교양·문명 관계"가 현대 기술 문명의 급격한 발전 과정에서 전통 유럽의 '교양' 문명이 몰락하고 있음을 비판적으로 논했다면, 이종수는 한국의 낙후한 과학 기술을 발전시키기 위해 과학에 대한 정부의 적극적 후원, 국민 정신의 과학화가 필요함을 역설했다. (씨그프리드, 1965; 이종수, 1965) 시그프리드가 미국의 주도하에 형성되는 서구 기술 문명 전반의 폐해에 주목하고 있었다면, 이종수는 당시 한국 과학 기술의 낙후한 현실에 초점을 맞추었다. 프랑스 학자 시그프리드가 한국의 현실에 관심을 가져야 할 이유는 없었겠지만, 중요한 것은 한국인 논자의 상당수가 비슷한 관점으로 '과학 세기'에 대해 비평했다는 점이다. 예를 들어, 사회학자 이만갑(李萬甲)은 "자연 과학 제일주의"에 의해 지배된 현대 사회가 "이익을 추구하고, 능률과 업적 그리고 물질적 안락에 가치를 부여하며, …… 기계적 조직에 얽혀 있는 획일적인 사회"가 되었다고 주장했다. (이만갑, 1965, 199쪽)

　이만갑과 이종수의 담론은 서로 대립한다기보다는 서로 다른 세계에 살고 있는 인물 사이의 동문서답에 가깝다. 이만갑은 우리나라 과학을 발전시켜야 한다는 이종수의 주장에 굳이 반대하지 않았다. 도리어 그는 한국과 같은 낙후한 나라에서 과학을 중시하는 것이 당연하다고 언급했다. 그에 따르면, "과학을 먼저 이용한 사람들로 말미암아 원통한 생활을 (해 온) …… 우리에게는 합리·과학·기술·업적·능률·물질·생산 등의 관념은 무엇보다도 존귀하게 여겨야 할 것"이었다. 즉 "우리의 생활은 좀 더 따지고 더 평가되고 더 비인격화되어야" 한다는 것이다. 하지만 이것이 그가 내린 최종의 결론은 아니었다. 그는 곧 '한국인'의 입장을 떠나 과학 세기에 살고 있는 '세계인'으로 입지를 바꾸어, 현대인은 과학이 만든 안락한 세계 속에서 "자신의 실존이 위협받고 있음을 깨닫고, 합리와 실리에서 해방이 되어 자기의 주체성을 찾을 것을 열망한다."라고 강변했다. (이만갑, 1965, 200~201쪽)

　시그프리드·이만갑과 이종수 사이의 어긋남, 세계관적 간극은 곧 이은 '과학 기술 붐'에 의해 현실 세계에 등장하게 될 과학 기술이 한국 사회의 문화적 지형에서 어느 지점에 위치하게 될지를 예견했다. 과학 기자 이종수의 글은 당시 정부와 사회의 적극적 지원을 바라는 과학 기술자 집단의 이해를 대변했고, 실제로 이후 설립될 과학기술처와 한국과학기술단체총연합회 등의 사업으로 구체화될 것이었다. 과학 기술 발전을 위한 정책, 과학 기술에 대한 사회적 후원 체제, '전 국민의 과학화 운동'이 박정희 정부, 그리고 그것과 협력 관계에 있던 과학자 단체에 의해 추진되었다. 하지만 그럼에도 박정희 정부의 정치 행태와 경제 정책에 대해 비판적이었던 이른바 재야 지식인들이 박정희 정부의 적극적 후원 아래 진행된 과학 기술 분야 사업에 대해 비판의 화살을 직접 겨눈 경우는 찾기 어렵다.

그 한 가지 이유로 생각해 볼 수 있는 것은 과학 기술자와 재야 지식인이 대등한 대립자의 관계를 맺고 있었던 것이 아니라는 점이다. 무엇보다도 과학 기술자는 정부와 '비신성 동맹'을 맺었던 세속적 인텔리의 '일부'에 불과했으며, 더욱이 그 하위에 위치했다. 박성래와 김영식이 지적했듯, 현대 한국 사회에서 과학자들은 정부의 고위 관료직, 권력의 핵심을 차지하지 못했으며, 바로 이 점이 박성래와 김영식으로 하여금 한국 현대 과학자들을 조선 시대의 '중인'과 연관 짓게 한 중요한 이유였다. (박성래, 1998, 300~302쪽; 김영식, 1998, 350~351쪽) 정부와 연대한 세속적 지식인 내에서도 일종의 두 문화 현상이 나타나고 있었다는 것이다.

비신성 동맹 내에서 과학이 차지하는 낮은 위치 때문인지, 과학 기술 또는 과학 기술자들이 재야인사의 주된 비판 대상으로 등장하는 예는 찾기 어렵다. 예를 들어 김지하는 1970년《사상계》에 발표한 풍자시 「오적(伍賊)」에서 재벌, 국회 의원, 장차관, 고급 공무원, 장성의 '오적'이 부리는 전문가들을 염두에 두고, "여대생 식모 두고 경제학 박사 회계 두고 임학(林學) 박사 원정(園丁) 두고 경영학 박사 집사 두고 가정 교사는 철학 박사 비서는 정치학 박사 미용사는 미학 박사 ……"라고 비꼬았다. '임학 박사'를 제외하면 과학 기술자들이 부패한 권력층의 하수인으로 거명되지 않은 것이다. (김지하, 1970) 앞서 송건호가 정권에 야합한 기능적 지식인으로 미국 유학파 사회 과학자들을 거론했던 것처럼, 김지하도 권력에 봉사하는 지식인의 사례로 '경제학, 경영학, 정치학 박사' 들을 염두에 두고 있다.

실제로 재야 세력은 과학 기술을 적대 세력으로 명시하거나 드러내 놓고 반과학적인 입장을 취하지 않았으며, 당대에 형성되고 있던 국가 과학 기술 체제에 대해서도 비판적 입장을 적극 표명한 일이 거의 없었다. 오히려 송건호의 글에서처럼 그들은 'Wissenschaft'로서의 과학을 새로운 지식인이 지녀야 할 중요한 소양으로 인정하는 모습을 보였다.

　　그런 점에서, 과학 기술자와 재야 지식인의 간극, 과학과 재야의 문화적 균열은 1965년 이종수와 이만갑의 경우처럼 미묘한 어긋남의 방식으로 진행되었던 것으로 보인다. 예를 들어 재야 지식인들은 과학의 가치 자체를 부정하기보다는 박정희 정권 및 과학 기술자들과는 다른 방식으로 과학을 이해했다. 그들이 생각한 바람직한 과학은 경제 발전, 사회 관리의 중립적 '도구'가 아니라 인간 삶을 이끌어 줄 가치의 체현이었다. 예를 들어, 송건호는 과학을 "법칙과 논리가 있는" 합리적 지식 일반을 뜻한다고 이해했는데, 흥미롭게도 그는 과학의 논리성을 체현한 지식인은 그의 행동에서도 일관적일 것이며, 그런 점에서 당시 박정희 정권과 야합하던 기능적 지식인들과는 구분될 것으로 보았다. (송건호, 1963, 238쪽) 10여 년 뒤 백낙청은 1978년《창작과 비평》에 실은 글에서 불교의 유식학(唯識學)의 관점을 빌려와, 과학에 대한 좀 더 심오한 정의를 내렸다.

> 과학이란 단순히 주관적 망상을 버리고 객관적 사실이라는 다른 차원의 허상을 취하려는 것만이 아니고, 깨달음의 눈에는 바로 진리 그것일 수도 있는 우주의 제 현상을 그 자체의 구조와 법칙을 존중하여 인식하려는 구도(求道)의 자세라 부를 만하다. 그러나 이때의 과학은 이미 '가치 중립적' 사실 인식 행위가 아니라 사람마다 지닌 부처의 마음에 근거한 실천이며, 사실 인식 작업은 중생의 경계와 근기(根機)에 맞춘 구세 행위로서만 그 본래의 의미를 살릴 수 있는 것이다. (백낙청, 1978, 21쪽)

그런 경우에 과학은 한국의 민족, 민주, 민중 운동의 든든한 토대가 되어, 그가 주창한 '민족 문화 운동'이 편협한 국수주의를 넘어 인간 해방에 기여하는 보편적 운동으로 승화될 수 있을 것이었다.

　　송건호와 백낙청의 글에서 우리는 과학이 경제 발전과 근대화, 부국강병의 도구에 머무는 것이 아니라(머물러서는 안 되며), 인류의 진보와 민족의 해방을 위한 세계관적 토대이며, 따라서 인간적 가치와 결합된 것(결합되어야 하는 것)이라는 인식을 엿볼 수 있다. 백낙청의 경우 그의 '불교적' 과학관은 과학 기술에 의한 인간의 소외와 억압에 대해 하버마스, 마르쿠제, 하이데거 등 당시 독일 철학자들이 제기했던 비판의 영향을 잘 보여 준다. 이러한 논의에서, 백낙청은 명시하지 않았지만, 박정희 정권의 근대화 프로젝트에서 과학 기술 및 과학 기술자들이 동원되는 방식, 그 바탕의 기술 관료주의적 철학에 대해 간접적으로 비판하고 있었던 셈이다.

이렇듯 서로 어긋난 궤도를 달리고 있던 정부와 과학 기술자들의 세계와 재야 지식인을 비롯한 인문학, 예술가의 세계가 1977년 6월 KIST에서 잠시 대면했다. 과학기술진흥재단이 주최한 '과학 기술과 정신 문화'라는 심포지엄에서 200여 명의 과학자와 문인이 모여 서로 논의을 주고받은 것이다. 이 자리에서 벌어진 논란은 10여 년 전《사상계》의 특집과는 달리 과학을 옹호하는 측과 비판하는 측 사이에 직접적인 관점 대립이 표출되었다는 점에서 흥미롭다.

전자의 입장은 한국과학저술인협회 회장이자 당시 새마을기술봉사단 활동에 적극 참여하고 있던 홍문화(洪文和)의 글을 통해 살펴볼 수 있다. 그는 당시 사회 일각에서 지나친 과학 기술주의로 인한 폐해를 비판하며 등장하고 있던 '반과학적' 풍조에 우려를 표했다. 그는 이러한 폐해란 과학 기술의 성과가 일상 생활에 정착되기 전에 나타나는 과도기적 현상일 따름이며, 따라서 과학이 국민에게 보급 정착되도록 "과학 기술 선교사의 포교 활동"을 더 적극적으로 전개함으로써 극복될 수 있다고 보았다. 당시 정부와 과학 기술자 단체 주도하에 진행되던 '전 국민의 과학화 운동', '새마을기술봉사단' 활동이 그러한 노력의 한 예였다.* 그는 '과학 기술의 붐' 이후 10년 사이 정부의 적극적 정책을 통해 이룩한 경제와 과학 기술 부문의 괄목할 만한 성장

---

* 전 국민의 과학화 운동, 새마을기술봉사단 사업에 관해서는 이영미 (2009)를 참고하라.

에 깊이 경탄했다. 문제는 과학 기술을 정부와 산업의 영역을 넘어 국민의 생활과 문화로 확산시키는 일이었다. (홍문화, 1977)

이 주장에 대한 비판적인 입장은 문학 평론가 김우창(金禹昌)의 글, 「문학과 과학」에서 잘 드러난다. 김우창의 기본 논지는 앞서 살펴본 백낙청과 크게 다르지 않았다. 그는 현대 사회에서 진행된 과학적 합리성의 확산이 "목적의 내용에 관계없이 수단에 대한 합리적 고려 속에서 이루어지는 도구적 합리성의 확산"에 그쳤다고 비판했다. 그는 그 과정의 불가피함을 부인하지는 않았지만, 그럼에도 그 과학 기술이 인간 개체의 행복, 인간성의 실현이라는 숭고한 목적에 봉사하도록 새로이 정향(定向)되어야 한다고 주장했다. 하지만 이러한 작업은 과학 기술 자체의 힘으로는 불가능하며, "인간 해방의 역군"으로서 문학이 지닌 통찰력의 도움을 받아야 했다. (김우창, 1977, 29~30쪽)

김우창의 논의가 백낙청과 달랐던 점은 과학 기술 일반에 대한 비평을 당시 한국 과학 기술의 문제에 대해서도 적용하려 시도했다는 것이다. 그는 서양 사회의 맥락에서 성장한 과학 기술이 "우리 삶의 내재적인 필요에 의해 규정되는 사회 체제"에 부합하지 않을 가능성에 대해 우려했다. 서양의 과학 기술을 맹목적으로 받아들일 것이 아니라, "우리의 진정한 욕구와 필요에 따라" 선택적으로 발전시켜야 할 필요가 있다는 것이다. 그는 이것을 위해 과학자들이 "삶의 내재적 필요"를 읽어 내는 통찰력을 지닌 문인들과 대화하여 도움을 얻을 필요가 있다고 보았다. 과학의 발전 방향, 또는 과학이 지향해야 할 숭고한 목적이 문학의 통찰력에 의해 정립되어야 한다는 것이다. 요컨대 그는 '도구로서의 과학'을 '인간 실존의 전체성'을 살피는 문학의 하위에 놓은 셈이다. (김우창, 1977, 32쪽)

이 글의 목적이 송건호, 백낙청, 김우창 등 재야 지식인의 '숭고하고' '심오한' 과학관을 부각하려는 데 있는 것은 아니다. 그들의 일견 숭고한 과학 담론은 당시 한국 사회에 현존하던 실제 과학 기술 및 과학 기술자들의 실천에 대한 그들의 무관심과 무시에 의해 뒷받침되고 있었다. 김우창의 글은 비록 당시 한국 과학 기술의 탈식민적 조건에 대한 통찰을 일부 포함하고 있다는 점에서 앞서 살펴본 백낙청, 이만갑의 글과는 얼마간 차별성을 보인다. 하지만 여전히 그의 통찰은 현실의 과학 기술에 대한 구체적인 분석에 근거하지 않았고, 그 때문에 여전히 그 자리에 모인 과학자들이 이해하거나 납득하기 어려운 추상적 비평 철학의 세계에서 벗어나지 못했다. 백낙청, 김우창의 글에서 드러나듯, 그들은 과학 자체를 무시하지 않았고 도리어 이를 인문학의 전통적 지위와 가치에 대한 심각한 도전으로 진지하게 받아들였다. 문제는 그들이 대면한 과학이 홍문화가 옹호하던 현실의 한국 과학이 아니었다는 점이다.

다른 한편, 홍문화의 글에서 드러난 조야한 과학주의, 박정희 정부의 치적에 대한 찬양 또한 그 자리에 모인 문인, 인문학자의 공감을 불러일으키기 어려웠다. 김우창 등의 눈에는 홍문화류의 과학 기술 지상주의가 그 자체의 사상적 빈곤함뿐만 아니라 박정희 정부의 권위주의적 개발 독재와 공생하고 있다는 점이 두드러졌을 것이다. 박정희 정권과 연대한 과학 기술은 문화적으로도, 정치적으로도 인문학과 예술의 반대편에 위치하고 있었던 것이다.

5. 맺음말

결론적으로 보자면, 이 글의 서두에서 살펴보았던 한국 과학에 대한 김영식, 박성래의 '반성'은 실제의 과학에는 무관심했던 백낙청, 김우창이 무의식적으로 견지한 비판적 태도를 가시화한 감이 없지 않다. 물론 이들이 과학을 '구세적 실천'으로 파악한 백낙청의 견해에 동의했을 것 같지는 않다. 하지만 한국인들에게 널리 퍼진 '실용적·공리주의적' 과학관에 대해 반성하고 "전체 사회와 국가의 문제에 대해 무관심한" 과학 기술자의 중인 의식을 지적하는 이들의 논의는 과학의 사상성을 강조한 송건호, 백낙청의 지적과 공명하는 부분이 있다. 차이가 있다면, 과학의 도구성 일반에 대한 그들의 추상적 비평을 박성래와 김영식은 '동도서기론'과 '중인 의식'이라는 한국사의 독특한 개념을 통해 구체화시키고 그에 대한 역사학적 설명을 시도했다는 점이다. 하지만 그들은 박정희 정권과 과학 기술자의 연대를 세종과 장영실의 고사를 통해 역사적으로 신화화한 당시 과학 기술자들을 스스로 문화적 엘리트가 되기를 포기한 '중인 의식'의 소유자로 비판함으로써 백낙청, 김우창의 비평과 같은 울림을 낸다.

다른 한편 조선 시대로부터 수백 년 이어진 옛 문화의 지속적 영향을 강조한 박성래와 김영식의 관점은, 바로 그 거시 문화적 조건을 바꿀 전망이 사실상 닫혀 있었다는 점에서도 백낙청, 김우창의 추상적 비평과 근본적으로 다르지 않아 보인다. 김영식, 박성래의 입장이 당시 한국적 두 문화의 한 가지 표현이라는 이 글의 주장은 이들과 재야 지식인 사이의 이러한 유사성에 근거한 것이다. 이 글의 주장은 한국적 두 문화란 다름 아닌 당시에 그들에 의해 이루어진 그와 같은 논의에 의해서 창출되고 심화된 현상이라는 것이다.

만약 그렇다면, 우리는 오늘날 시도되고 있는 과학과 인문학, 사회 과학, 예술의 융합에 대해서도 좀 더 낙관적인 전망을 가질 수 있을 것이다. 두 가지 점에서 그러하다.

첫째, 한국적 두 문화 현상이 특정 시기의 맥락에서 이루어진 선택이라면, 그 당시와는 현격히 다른 사회 문화적 환경에 처한 오늘날의 과학자, 인문학자, 예술가 들이 과거와는 다른 선택을 내리리라는 희망을 가질 수 있다. 현재 융합 담론의 유행은 바로 그런 일이 실제 진행되고 있다는 좋은 징후일 것이다.

둘째, 우리가 한국적 두 문화 현상이 창출되고 유지된 국지적 메커니즘을 좀 더 잘 이해한다면, 이것을 극복할 구체적 방법에 대해서도 중요한 통찰을 얻을 수 있을 것이다. 한국적 두 문화 현상은 단지 '과학 기술의 지나친 전문화, 세분화'와 같이 어느 나라에도 적용될 수 있는 일반적 원인에 의해서만 일어난 현상이 아니다. 이 글에서는 그 현상이 1960~1970년대 우리 사회에 과학 기술이 제도적으로 등장하던 시기에 과학자, 일반 지식인, 정치가 들이 행한 정치적·문화적 선택에 의해 일어났다고 보았다. 그 결과 과학 기술은 지식의 여타 분야와는 다른 정치·문화 체제에 속하게 되었다.

그렇다면 과학과 인문학, 사회 과학, 예술의 생산적 융합을 위해서는 단지 지식 융합의 일반적 가치를 당위론적으로 강조하는 일을 넘어 1960~1970년대에 형성된 과학과 문화의 '분단 체제'를 무화(無化)시킬 실천이 두 문화의 양측에 의해서 수행될 필요가 있을 것이다. 그 실천 방향에 대해서는 별도의 구체적 논의가 필요할 것이다. 다만 여기서는 1960~1970년대에 두 문화의 담당자 각각이 선택한 뒤 지금까지 이어 오면서 두 문화 현상을 지속시키고 있는 문화적 태도를 요약하고 그 극복을 위한 대체적 방향을 제안하는 것으로 글을 마무리하려고 한다.

우선 우리 과학 기술자 사회는 '박정희 시대'에 대한 향수, 정부와 사회의 적극적 지원과 보호를 희구하는 태도에 대해 다시 생각해 볼 필요가 있을 것이다. 물론 과학 기술, 특히 기초 과학에 대한 정부와 사회의 지원이 필요하다는 점을 부정하는 것은 아니다. 문제는 사회에 대한 과학자들의 발언이 그 수사학과 상상력에서 수십 년 전에 비해 그리 달라지지 않았다는 것이다. 오늘날 한국의 과학 기술은 정부의 지원 없이는 존립하기 어려웠던 과거의 유아기에 비한다면 제도적으로 학문적으로 놀랄 만큼 성장했지만, 많은 과학 기술자들이 여전히 과거 '후진국' 시기의 논리로 과학 기술에 대한 정부와 사회의 지원을 요청하고 있다. 국가 산업 경쟁력의 도구, 더 넓게는 민족 번영의 도구로서 과학 기술의 가치를 강조하는 논리의 호소력을 전적으로 부정할 수 없겠지만, 적어도 이제는 그것만으로 지식 사회 전반의 관심을 끌기에는 불충분하다는 점이 분명해졌다. 과학자들이 과거와 같은 논리로 '비신성 동맹'을 계속 요청하고 있지만, 이제는 그 말을 진지하게 들어줄 청중은 줄어들었고, 나아가 민주화된 정치 체제에서 그러한 조건으로 동맹을 맺어 줄 상대편도 더 이상 분명하게 존재하지 않게 되었다. 요컨대 과학 기술자들이 이제는 '영명한 지도자'의 복귀를 희구하거나 경제, 국방, 민족 번영의 '도구'로 자처하는 데 만족하지 않고, 스스로 우리 사회의 문화를 주도하는 지식인 그룹의 한 축으로 발돋움할 때가 되었다고 볼 수 있다.

과학 기술자들이 1960~1970년대에 형성된 문화적 정체성을 재고해야 한다면, 인문학자, 문인, 예술가 들도 그 점에서는 마찬가지일 것이다. 그들은 과거 유아기적 상태의 한국 과학 기술과 그 실행자들과 대면하면서, 스스로에 대해 현실 과학 기술의 세부에 대해서는 잘 모르지만 그럼에도 지적으로, 문화적으로 과학 기술(자)의 우위에 있다는 일종의 우월감을 길러 왔다. "인간 실존을 전체적으로 조망하는" 문학인이 과학 기술의 발전 방향을 제시할 수 있다는 김우창의 발언이 이것을 잘 드러내 준다. 당시 유행한 프랑크푸르트 학파의 비평 철학은 그들이 과학 기술에 대해 실제로는 무관심하고 무지하면서도 그에 대해 문화적 자신감을 가질 수 있도록 한 한 가지 바탕이 되었다. 하지만 적어도 오늘날 우리 사회에 현실적으로 존재하며 우리의 삶을 급격히 변화시키고 있는 과학 기술은 더 이상 몇몇 추상적 철학 사조나 사회 과학 이론으로 간단히 정복될 수 있는 존재가 아니다. 현실의 과학 기술, 그 세부에 대해 무관심하고 무지한 인문학자, 사회 과학자, 예술가가 행세할 입지는 점차 좁아지고 있다.

1970년대 이래 한국적 두 문화는 중인과 양반, 또는 양반 관료의 질시에도 불구하고 장영실을 후원했던 세종의 고사(故事)와 같은 역사적 은유를 통해 포착되었다. 박성래와 김영식 또한 넓게 보아 비슷한 은유를 통해 당시의 두 문화 현상을 설명하려 한 셈이다. 이 글의 주장처럼 이러한 은유가 도리어 한국적 두 문화를 구성하고 강화하는 측면이 있었다면, 그 현상의 극복을 전망하고 또 이를 위한 시도가 이루어지고 있는 작금의 요청에 따라 새로운 은유를 의도적으로 시도해 볼 필요도 있겠다. 이제 우리 사회는 임금의 보살핌 없이는 존립할 수 없던 중인(또는 노비) 장영실이 아니라 조선 후기 북학(北學)

의 문화를 창조하고 이끌었던 사대부 수학자 담헌 홍대용(洪大容)과 같은 인물을 요구하고 있는 것이 아닐까? 또는 홍대용의 지전설을 깊이 있게 이해하여 그 세계관적 함의를 섬세한 문학적 상상력으로 구체화한 연암 박지원(朴趾源)과 같은 인물을 요구하고 있는 것이 아닐까?

임종태(서울 대학교 화학부 교수)

변학문(한국 산업 기술 대학교 강사)

참고 문헌

1장 융합은 얼마나

이인식 (2008),『지식의 대융합』, 서울: 고즈윈.

최재천, 주일우 (2007),『지식의 통섭』, 서울: 이음.

홍성욱 (2004),『과학은 얼마나』, 서울: 서울대학교 출판부.

______ (2006), "자연 과학과 인문학의 대화: 역사를 통해 본 접점과 상호 작용", 김용석 외, 『인문학의 창으로 본 과학』, 한겨레신문사, 211-241쪽.

______ (2008),『인간의 얼굴을 한 과학』, 서울: 서울대학교 출판부.

Borup, M., Brown, N., Konrad, K. and van Lente, H. (2006), "The sociology of expectations in science and technology", *Technology Analysis and Strategic Management*, vol.18, pp. 285-298.

Carroll, S. B. (2001), "Chance and Necessity: The Evolution of Morphological Complexity and Diversity", *Nature*, vol. 409, pp. 1102-1109.

Kiss, I. Z., Broom, M., and Rafols, I. (2010) "Can epidemic model describe the diffusion of topics across disciplines?", *Journal of Informetrics*, vol. 4, pp. 74-82.

Klein, J. T. (1996), *Crossing Boundaries: Knowledge. Disciplinarities, and Interdisciplinarities*, Charlottesville: University Press of Virginia.

Klein, J. T., et al. (2001), *Transdisciplinarity: Joint Problem Solving among Science, Technology, and Society*, Basel: Birkhauser.

Leydesdorff, L. and Rafols, I. (2009) "A Global Map of Science Based on the ISI

Subject Categories", *Journal of the American Society for Information Science and Technology*, vol. 60, pp. 348-362.

Nicolescu, B. (2008), *Transdisciplinarity: Theory and Practice*, Cresskill, N.J.: Hampton Press.

Rafols, I., Leydesdorff, L. O'Hare, A., Nightingale, P. and Stirling, A. (2011) "How journal rankings can suppress interdisciplinarity. A comparison of innovation studies and business & management", *Atlanta Science and Innovation Policy Conference*.

Simonton, K. S. (2004), *Creativity in Science: Chance, Logic, Genius, and Zeitgeist*, Cambridge: Cambridge University Press.

Snow, C. P., 오영환 옮김 (2001),『두 문화』, 서울: 사이언스북스.

Wilson, E. O., 최재천, 장대익 옮김 (2005),『통섭』, 서울: 사이언스북스.

Ziman, J. (1999), "Disciplinarity and Interdisciplinarity in Research", in Cunningham, R., ed., *Interdisciplinarity and the Organisation of Knowledge in Europe*, Luxembourg: Office for Official Publications of the European Communities, pp. 71-82.

2장 창의적 융합의 '벡터 모형'

서민우 (2008),「"동체(動體)에 관한 전 학설을 반석 위에 올리다": 존 스미턴의 수차연구와 18세기 영국의 자연 철학과 엔지니어링의 만남과 갈등, 그리고 다시 그어진 경계」,『한국 과학사학회지』30: 475-515.

홍성욱, 이상욱 외 지음 (2004),『뉴턴과 아인슈타인: 우리가 몰랐던 천재들의 창조성』, 서울: 창작과 비평사.

홍성욱 (2011),「성공하는 융합, 실패하는 융합」, 김광웅 엮음,『융합 학문, 어디로 가고 있나』, 서울: 서울대학교 출판부, 311-347쪽.

Barrett, Deirdre (2001), *The Committee of Sleep: How Artists, Scientists, and Athletes Use their Dreams for Creative Problem Solving — and How You Can Too*, NY: Crown Books/Random House.

Bloor, David (1976), *Knowledge and Social Imagery*, London: Routledge.

Colp Jr., Ralph (1986), "'Confessing a Murder': Darwin's First Revelations about Transmutation", *Isis* 77: 9-32.

Constant II, Edward W. (1980), *The Origins of the Turbojet Revolution*, Baltimore: Johns Hopkins University Press.

Dogan, Mattei, and Robert Pahre (1990), *Creative Marginality: Innovation at the Intersection of Social Sciences*, Boulder: Westview Press.

Gale, Barry G. (1972), "Struggle for Existence: A Study in the Extrascientific Origins of Scientific Ideas", *Isis* 63: 321-344.

Galison, Peter (2000), "Einstein's Clocks: The Place of Time", *Critical Inquiry* 26: 355-389.

___________(2003), *Einstein's Clocks, Poincaré's Maps: Empires of Time*, NY: W. W. Norton and Company.

Heisenberg, Werner (1959), *Physics and Philosophy: The Revolution in Modern Science*, London: Allen & Unwin.

Hong, Sungook (2001), *Wireless: From Marconi's Black-box to the Audion*, Cambridge, MA: MIT Press.

Jenkins, Reese V. (1975), "Technology and the Market: George Eastman and the Origins of Mass Amateur Photography", *Technology and Culture* 16: 1-19.

Klein, Julie Thompson (1990) *Interdisciplinarity: History, Theory, and Practice.* Detroit: Wayne State University Press.

___________________ (2001), *Transdisciplinarity: Joint Problem Solving among Science, Technology and Society: An Effective Way for Managing Complexity*, Berlin: Birkhauser.

Latour, Bruno (1987), *Science in Action : How to Follow Scientists and Engineers Through Society*, Cambridge, MA: Harvard University Press.

___________ (2005), *Reassembling the Social: An Introduction to Actor–Network–Theory*, Cambridge, MA: Harvard University Press.

Law, John (1987), "Technology and Heterogeneous Engineering: The Case of Portuguese Expansion", in W. E. Bijker, T. P. Hughes, and T. J. Pinch eds., *The Social Construction of Technological Systems: New Directions in the Sociology and History of Technology*, pp. 111-134. Cambridge, MA: MIT Press.

Law, R. J. (1969), *James Watt and the Separate Condenser*, London: Science Museum Monograph.

McClellan III, James E. and Harold Dorn (1999), *Science and Technology in World History: An Introduction*, Baltimore: Johns Hopkins University Press.

Ostwald, Carl Wilhelm Wolfgang (1922), *An Introduction to Theoretical and Applied Colloid Chemistry, "The World of Neglected Dimensions"*, John Wiley & Sons, Inc..

Poincaré, H. (1924) "Mathematical Creation", in P. E. Vernon ed., *Creativity*, pp. 77-

88. Middlesex: Penguin.

Schickore, Jutta and Friedrich Steinle (2006), *Discovery and Justification: Revisiting a Precarious Distinction*, Dordrecht: Springer.

Smeaton, John (1752), "A Letter from Mr. J. Smeaton to Mr. John Ellicott, F. R. S. concerning Some Improvements Made by Himself in the Air-Pump", *Philosophical Transactions* 47: 415-428.

Todes, D. P. (1987), "Darwin's Malthusian Metaphor and Russian Evolutionary Thought, 1859-1917", *Isis* 78: 537-551.

3장 칼로리, 노화, 수명

Unnamed (1995), "Clive M. McCay," in *Profiles in Gerontology: A Biographical Dictionary*, ed. W. Andrew Achenbaum and Daniel M. Albert. Westport, CT: Greenwood.

Achenbaum, W. A. (1995), *Crossing Frontiers: Gerontology Emerges as a Science*. Cambridge: Cambridge University Press.

Comfort, A. (1956), *The Biology of Senescence*. New York: Rinehart.

Creager, Angela N. H. (2001), *The Life of a Virus: Tobacco Mosaic Virus as an Experimental Model*, 1930-1965. Chicago: University of Chicago Press.

Hadley, Evan C., et al. (2001), "Human implications of caloric restriction's effects on aging in laboratory animals: an overview of opportunities for research." *Journal of Gerontology* Series A 56A: 5-6.

Katz, Stephen (1996), *Disciplining Old Age: The Formation of Gerontological Knowledge*. Charlottesville: University Press of Virginia.

Kohler, R. E. (1994), *Lords of the Fly*. Chicago: University of Chicago Press.

__________ (2002), *Landscapes and Labscapes: Exploring the Lab-Field Border in Biology*. Chicago: University of Chicago Press.

McCay, C. M. (1939), "Chemical aspects of ageing." In Problems of Ageing: Biological and Medical Aspects, ed. E. V. Cowdry. Baltimore: Williams and Wilkins, 1939.

__________ (1927), "The effect of variations in vitamins, protein, fat and mineral matter in the diet upon the growth and mortality of eastern brook trout." *Transactions of the American Fisheries Society* 57: 240-249.

__________ (1933), "Is Longevity Compatible with Optimum Growth?" *Science* 77:

410-411.

McCay, C. M., and M. F. Crowell (1934), "Prolonging the Life Span." *Scientific Monthly* 39: 405-414.

McCay, C. M., et al. (1929), "Growth Rates of Brook Trout Reared upon Purified Rations, upon Dry Skim Milk Diets, and upon Feed Combinations of Cereal Grains," *Journal of Nutrition* 1: 233-246.

Osborne, T. B., et al. (1917), "The Effect of Retardation of Growth upon the Breeding Period and Duration of Life of Rats." *Science* 45: 294-295.

Rader, Karen A. (2004), *Making Mice: Standardizing Animals for American Biomedical Research, 1900-1955*. Princeton: Princeton University Press.

4장 미국 학제간 연구 제도의 역사적 기원

최재천, 주일우 엮음 (2007), 『지식의 통섭: 학문의 경계를 넘다』, 서울: 이음.

홍성욱 (2003), 『하이브리드 세상 읽기』, 서울: 안그라픽스.

Asner, Glen R. (2004), "The Linear Model, the U.S. Department of Defense, and the Golden Age of Industrial Research", In Karl Grandin, Nina Wormbs, and Sven Widmaim, eds., *The Science-Industry Nexus: History, Policy, Implications*, Sagamore Beach, MA: Science History Publications.

Belanger, Dian Olson (1998), *Enabling American Innovation: Engineering and the National Science Foundation*, West Lafayette: Purdue University Press.

Bensaude-Vincent, Bernadette (2001), "The Construction of a Discipline: Materials Science in the United States", *Historical Studies in the Physical Sciences* 31: 223-248.

Callon, Scott (1997), *Divided Sun: MITI and the Breakdwn of Japanese High-Tech Policy*, Stanford: Stanford University Press.

Choi, Hyungsub, and Cyrus C. M. Mody (2009), "The Long History of Molecular Electronics: Microelectronics Origins of Nanotechnology", *Social Studies of Science* 39: 11-50.

Clark, Burton R. (1995), *Places of Inquiry: Research and Advanced Education in Modern Universities*, Berkeley: University of California Press.

Dennis, Michael Aaron (1987), "Accounting for Research: New Histories of Corporate Laboratories and the Social History of American Science", *Social Studies of Science* 17: 479-518.

Gibbons, Michael, et al. (1994), *The New Production of Knowledge: The Dynamics of Science and Research in Contemporary Societies*, London: Sage.

Hannay, N. Bruce (1995), Interview by James J. Bohning at Baltimore, Maryland, March 9, Oral History Transcript #0137. Philadelphia: Chemical Heritage Foundation.

Hounshell, David A. (1996), "The Evolution of Industrial Research in the United States", In Richard S. Rosenbloom and William J. Spencer, eds., *Engines of Innovation: U.S. Industrial Research at the End of an Era*, Boston: Harvard Business School Press.

Hughes, Thomas P. (1983), *Networks of Power: Electrification in Western Society, 1880-1930*. Baltimore: Johns Hopkins University Press.

Isaacson, Walter (2011), *Steve Jobs*, New York: Simon & Schuster. (한국어판: 월터 아이작슨, 안진환 옮김 (2011), 『스티브 잡스』, 서울: 민음사.)

Kohler, Robert E. (1991), *Partners in Science: Foundations and the Natural Scientists, 1900-1945*, Chicago: University of Chicago Press.

Light, Jennifer S. (2003), *From Warfare to Welfare: Defense Intellectuals and Urban Problems in Cold War America*, Baltimore: Johns Hopkins University Press.

Lucena, Juan (2005), *Defending the Nation: U.S. Policymaking in Science and Engineering Education from Sputnik to the War against Terrorism*, Lanham, MD: University Press of America.

MacDiarmid, Alan G. (2005), Interview by Cyrus Mody at Philadelphia, Pennsylvania, December 19, Oral History Transcript 『0325. Philadelphia: Chemical Heritage Foundation.

National Academies. Committee on Science, Engineering, and Public Policy, National Academy of Sciences, National Academy of Engineering, and Institute of Medicine (2005), *Facilitating Interdisciplinary Research*, Washington, D.C.: The National Academies Press.

Psaras, A. Peter, and H. Dale Langford, eds. (1987), *Advancing Materials Research*. Washington, D.C.: National Academies Press.

Reich, Leonard S. (1985), *The Making of American Industrial Research: Science and Business at GE and Bell, 1987-1926*, New York: Cambridge University Press.

Rhodes, Richard (1995), *The Making of the Atomic Bomb*, New York: Simon & Schuster. (한국어판: 리처드 로즈, 문신행 옮김 (1995), 『원자폭탄 만들기 (상, 하)』, 서울: 민음사.)

Roco, Mihail C. and William S. Bainbridge, eds. (2002), *Converging Technologies for Improving Human Performance: Nanotechnology, Biotechnology, Information Technology and the Cognitive Science*, Arlington, VA: National Science Foundation.

Ross, Sydney (1962), "Scientist: The Story of a Word", *Annals of Science* 18: 65-85.

Roy, Rustum (1979), "Interdisciplinary Science on Campus: The Elusive Dream." In Joseph J. Kockelmans, ed., *Interdisciplinarity and Higher Education*, University Park: The Pennsylvania State University Press.

Seitz, Frederick (1961), "Perspectives in Materials Research", *Physics Today* 14: 24-28.

Shapin, Steven, and Simon Schaffer (1985), *Leviathan and the Air-Pump: Hobbes, Boyle, and the Experimental Life*, Princeton: Princeton University Press.

von Hippel, Arthur R. (1956), "Molecular Engineering", *Science* 123 (February 24): 315-317.

Wilson, Edward O. (1998), *Consilience: The Unity of Knowledge*, NY: Knopf. (한국어판: 에드워드 윌슨, 장대익, 최재천 옮김 (2005), 『통섭: 지식의 대통합』, 서울: 사이언스북스.)

Wise, George (1980) "A New Role for Professional Scientists in Industry: Industrial Research at General Electric, 1900-1916", *Technology and Culture* 21: 408-429.

Wise, George (1985), *Willis R. Whitney, General Electric, and the Origins of U.S. Industrial Research*, NY: Columbia University Press.

5장 합성 생물학과 성공적 융합

김영창, 노동현, 김용대, 김양훈 (2008), 『합성 생물학』, 개신.

김훈기 (2009), "합성 생물학의 위해성에 대한 국내 규제 법률 검토: LMO법과 생물무기금지법을 중심으로", 《환경사회학연구 ECO》, 제3권 2호, 296~307쪽.

린 마굴리스, 이한음 옮김 (2007), 『공생자 행성』, 서울: 사이언스북스.

장대익 (2005), 『이보디보 관점에서 본 유전자, 선택, 그리고 마음: 모듈론적 접근』, 서울대학교 대학원 박사 학위 논문.

Andrianantoandro, E., Basu, S., Karig, D., Weiss, R. (2006), "Synthetic biology: new engineering rules for an emerging discipline Molecular Systems Biology", *Molecular Systems Biology*, 16, pp. 1-14.

Benner, S., Sismour, M. (2005), "Synthetic Biology", *Nature Reviews: Genetics* 6, pp.

533-543.

Dae-Kyun, R. et al. (2006), "Production of the antimalarial drug precursor artemisinic acid in engineered yeast", *Nature* 440, pp. 940-943.

Dawkins, Richard (2006), *The Selfish Gene: 30th Anniversary Edition*, Oxford.

Dougherty, M., Arnold, F. (2009), "Directed Evolution: New Parts and Optimized function", *Current Opinion in Biotechnology* 20, pp. 486-491.

Endy, Drew (2005a), "Engineering the interface between cellular chassis and integrated biological systems", *Sixth International Conference on Systems Biology*.

__________ (2005b), "Foundations for Engineering Biology", *Nature*, vol. 438, pp. 449-453.

Garfinkel, M., Endy D., Epstein G., Friedman R. (2007), "Synthetic Genomics: Options for Governance", *Biosecur Bioterror* 5(4), pp. 359-62..

Gibson, Daniel et al. (2010), "Creation of a Bacterial Cell Controlled by a Chemically Synthesized Genome", *Science* vol. 329, no. 5987, pp. 52-56.

Glass, J. et al.(2005), "Essential Genes of a Minimal Bacterium", *PNAS* 103, pp. 425-430.

Galison, Peter (1993), *Image and Logic: A Material Culture of Microphysics*, Chicago: The University of Chicago Press.

Malaterre, Christophe (2009), "Can Synthetic Biology Shed Light on the Origin of Life?", *Biological Theory* 4, pp. 357-367.

Morange, Michel (2009), "Synthetic Biology: A Bridge Between Functional and Evolutionary Biology", *Biological Theory* 4, pp. 368-377.

__________ (2010), "A New Revolution?", *EMBO reports* 10, pp. 550-553.

Moya, Gil et al. (2009), "Toward Minimal Bacterial Cells: Evolution vs. Design", *FEMS Microbiol Rev* 33(1), pp. 225-35.

Keller, Evelyn Fox (2009a), "Knowing As Making, Making As Knowing: The Many Lives of Synthetic Biology", *Biological Theory* 2009, 4, pp. 333-339.

__________ (2009b), "What Does Synthetic Biology Have to Do with Biology?", *BioSocieties* 4, pp. 291-302.

Koonin, Eugene (2000), "How Many Genes Can Make A Cell: The Minimal-Gene-Set Concept", *Annu. Rev. Genomics Hum*, pp. 99-116.

Heinemann, M., Panke, S. (2006), "Synthetic Biology-Putting Engineering into Biology", *Bioinformatics* 22, pp. 2790-2799.

Hutchison, C. A. et al. (1999), "Global Transposon Mutagenesis and a Minimal

Mycoplasma Genome", *Science* 286, pp. 2165–2169.

Parens, E., Johnston, J., Moses, J. (2009), "Ethical Issues in Synthetic Biology-An Overview of the Debates", *Science* 321: 12, pp. 1449.

Ray, Thomas (1993), "An Evolutionary Approach to Synthetic Biology", *Zen and the Art of Creating Life* 1, pp. 179-209.

Rothschild, Lynn (2010), "A Powerful Toolkit for Synthetic Biology: Over 3.8 Billion Years of Evolution", *BioEssays* 32, pp. 304–313.

Schmidt, M. (2008), "Diffusion of Synthetic Biology: A Challenge to Biosafety." *Systems and Synthetic Biology* 2, pp. 1-6.

Szathmáry, Eörs (2005), "Life: In Search of the Simplest Cell", *Nature* 433, pp. 469-470.

Yokobayashi, Y., Weiss, R., Arnold, F. (2002), "Directed Evolution of a Genetic Circuit", *Proceedings of the National Academy Of Sciences* 99, pp. 16587-16591.

6장 융합의 관점에서 새롭게 해석한 적정 기술 운동

나눔과기술 (2011), 『36.5도의 과학 기술: 적정 기술』, 서울: 허원미디어.

손화철 (2009), "적정한 적정 기술", 『적정 기술』, vol. 1, pp. 5-17.

이인식 (2008), 『지식의 대융합』, 서울: 고즈윈.

______ (2010), 『기술의 대융합』, 서울: 고즈윈.

Arboleda, R. (2011), "Children as a Mission not as a Market", Keynote Speech at ConTech 2011: International Symposium on Convergence Technologies, 2011년 11월 3일, 서울 코엑스 그랜드볼룸.

Bakker, J. I. (1990), "The Gandhian Approach to Swadeshi or Appropriate Technology: A Conceptualization in Terms of Basic Needs and Equity", *Journal of Agricultural and Environmental Ethics*, vol. 3, No. 1, pp. 50-88.

Bronstein, L. R. (2003), "A Model for Interdisciplinary Collaboration", *Social Work*, vol. 48, No. 3, pp. 297-306.

Chapman, J. (2005), *Emotionally Durable Design: Objects, Experiences, and Empathy*, Earthscan. (한국어판: 방수원 옮김 (2010), 『클린디자인 굿디자인』, 서울: 시공아트.)

Clifford, Michael J. (2005), "Appropriate Technology: The Poetry of Science", *Science & Christian Belief*, vol. 17, No. 1, pp. 71-82.

Collins, H., Evans, R. and Gorman, M. (2007), "Trading Zones and Interactional

Expertise", *Studies in History and Philosophy of Science*, vol. 38, No. 4, pp. 657–666.

Darrow, K. and Saxenian, M. (1990), *Appropriate Technology Sourcebook*, Village Earth.

Drengson, Alan R. (2010), "Four Philosophy of Technology", in Craig Hanks ed., *Technology and Values: Essential Readings*, Wiley-Blackwell.

Dunn, Peter D. (1979), *Appropriate Technology: Technology with a Human Face*, Schoken Books.

Eglash, R. (2004), "Appropriating Technology: An Introduction", in Ron Eglash, Jennifer L. Croissant, Giovanna Di Chiro, and Rayvon Fouche eds., *Appropriating Technology: Vernacular Science and Social Power*, University of Minnesota Press.

Hazeltine B. and Bull, C. (2003), *Field Guide to Appropriate Technology*, Academic Press.

Hess, David J. (1995), *Science and Technology in a Multicultural World*, Columbia University Press.

Irwin, A. (2001), *Sociology and the Environment: A Critical Introduction to Society, Nature, and Knowledge*, Blackwell Publishers Ltd.

Laet, M. and Mol, A. (2000), "The Zimbabwe Bush Pump: Mechanics of a Fluid Technology", *Social Studies of Science*, vol. 30, No. 2, pp. 225–263.

Latour, B. (1986), "Visualisation and Cognition: Drawing Things Together", *Knowledge and Society: Studies in the Sociology of Culture and Present*, vol. 6, pp. 1–40.

Latour, B. (1988), *The Pasteurization of France*, Harvard University Press.

Law, J. (2002), "Objects and Spaces", *Theory, Culture & Society*, vol. 19, No. 5–6, pp. 91–105.

Law, J. (2004), *After Method: Mess in Social Science Research*, Routledge.

Law, J. (2006), "On Hidden Heterogeneities: Complexity, Formalism, and Aircraft Design", in John Law and Annemarie Mol eds., *Complexities: Social Studies of Knowledge Practices*, Duke University Press, pp. 116–141.

Mol, A. and Law, J. (1994), "Regions, Networks and Fluids: Anaemia and Social Topology", *Social Studies of Science*, vol. 24, No. 4, pp. 641–671.

Polak, P. (2007), "Design for the Other 90%", in Cynthia E. Smith et al. (2007), *Design for the Other 90%*, Editions Assouline.

Pursell, C. (1993), "The Rise and Fall of the Appropriate Technology Movement in the United States, 1965-1985", *Technology and Culture*, vol. 34, No. 3, pp. 629-637.

Schumacher, E. F. (1973), *Small is Beautiful: A Study of Economics as If People Mattered*, Harper Perennial, (한국어판: 이상호 옮김 (2001), 『작은 것이 아름답다: 인간 중심의 경제를 위하여』, 서울: 문예출판사.)

Singer, H., Cooper, C., Desai, R. C., Freeman, C., Gish, O., Hill, S. and Oldham, G. (The Sussex Group) (1970), "The Sussex Manifesto: Science and Technology to Developing Countries during the Second Development Decade", IDS Reprints No. 101, Brighton: Institute of Development Studies.

Smith, Cynthia E. ed. (2007), *Design for the Other 90%*, Editions Assouline. (한국어판: 허성용 · 허영란 외 옮김 (2010), 『소외된 90%를 위한 디자인』, 에딧더월드 · 한밭대학교 적정 기술연구소.)

Snow, C. P. (1959), *The Two Cultures*, Cambridge University Press.

Stirling, A. (2009), "Direction, Distribution and Diversity! Pluralising Progress in Innovation, Sustainability and Development", STEPS Working Paper 32, Brighton: STEPS Centre.

Winner, L. (1986), *The Whale and the Reactor: A Search for Limits in an Age of High Technology*, The University of Chicago Press.

Woodham J. M. (1977), *Twentieth Century Design*, Oxford University Press. (한국어판: 박진아 옮김 (2007), 『20세기 디자인: 디자인의 역사와 문화를 읽는 새로운 시각』, 시공아트.)

7장 진화적 융합과 창의적 혁신

장대익 (2008), 「일반 복제자 이론: 유전자, 밈, 그리고 지향계」, 《과학 철학》 11권 1호: 1-33.

장대익, 최재천 (2004), 「생물계의 변혁은 어떻게 일어나는가?」, 《철학과 현실》 60권 1호, 75-98.

Abouhief, E. (1997), "Developmental genetics & homology: a hierarchical approach", *Trends in Ecology & Evolution*, 12: 405-408.

Akam, M. (1998), "*Hox* genes, Homeosis, & the Evolution of Segment Identity: No need for Hopless Monster", *International Journal of Developmental Biology*, 42: 445-451.

Amundson, R. (1994), "Two concepts of constraint: Adaptationism and the challenge from developmental biology", *Philosophy of Science* 61: 556-578.

Arthur, W. B. (2010), *The Nature of Technology: What it is and How it evolves*, Free Press.

Arthur, W. (1997), *The Origin of Animal Body Plans: A Study in Evolutionary Developmental Biology*, Cambridge University Press.

Arthur, W. (2001), "Evolutionary Developmental Biology: Developmental Constraint", *Encyclopedia of Life Science*, Nature Publishing Group, www.els. net.

Arthur, W. (2002), "The Emerging Conceptual Framework of Evolutionary Developmental Biology", *Nature* 415: 757-764.

Basalla, G. (1988), *The Evolution of Technology*, Oxford University Press. (한국어판: 김동광 옮김 (1996), 『기술의 진화』, 까치.)

Campbell, D. (1974), "Unjustified Variation and Selective Retention in Scientific Discovery", in eds., by F. Ayala & T. Dobzhansky (1974), *Studies in the Philosophy of Biology*, University of California Press.

Carroll, S. B. (2000), "Endless Forms: The Evolution of Gene Regulation and Morphological Diversity", *Cell* 101: 577-580.

＿＿＿＿＿＿ (2001a), "Chance and necessity: the evolution of morphological complexity and diversity", *Nature* 409: 1102-1109.

＿＿＿＿＿＿ (2001b), "The big picture", *Nature* 409: 669.

Carroll, S. B. , Grenier, J. K., and Weatherbee, S. D.(2001), *From DNA to Diversity: Molecular Genetics and the Evolution of Animal Design*, Blackwell Science.

Cohn, M. J. (2002), "*Hox* genes", ed. by M. Pagel, *Encyclopedia of Evolution*, Oxford University Press, 506-510.

Conway Morris, S. (1998), *The Crucible of Creation: The Burgess Shale and the Rise of Animals*, Oxford University Press.

Cosmides, L. and Tooby, J. (1992), "Cognitive adaptations for social exchange", in J. Barkow, L. Cosmides, & J. Tooby eds., *The Adapted Mind: Evolutionary Psychology and the Generation of Culture*, Oxford University Press.

Darwin, C. (1859), *On the Origin of Species*, Murray.

Dawkins, R. (1976/1989), *The Selfish Gene*, Oxford University Press. (한국어판: 홍영남 옮김 (1993), 『이기적 유전자』, 을유문화사.)

＿＿＿＿＿＿ (1982), *Extended Phenotype*, Oxford University Press. (한국어판: 홍영남 옮김 (2004), 『확장된 표현형』, 을유문화사.)

Dennett, D. (1991), *Consciousness Explained*, Brown & Company.

Dietrich, M. R. (1992), "Macromutation", in eds. by E. F. Keller & E. A. Lloyd,

Keywords in Evolutionary Biology, Harvard University Press, 194-201.

Erwin, D. H. (1999), "The Origin of Bodyplans", *American Zoologist* 39: 617-629.

__________ (2000), "Macroevolution is more than repeated rounds of microevolution", *Evolution and Development* 2: 78-84.

Galis, F. (2001), "Key Innovations and Radiations", in ed. by G. P. Wagner, *The Character Concept in Evolutionary Biology*, Academic Press, 581-606.

Gehring, W. J. & Ikeo, K. (1999), "Pax6: master eye morphogenesis & eye evolution", *Trends in Genetics*, 15: 371-277.

Gerhart, J. and Kirschner, M. (1997), *Cells, Embryos, and Evolution*, Blackwell Science.

Gilbert, S. (2000), *Developmental Biology*, 6th ed., Sinauer.

Gilbert, S. et al. (1996), "Resynthesising evolutionary and developmental biology", *Developmental Biology* 173: 357-372.

Goodall, J. (1986), *The Chimpanzee of Gombe*, Harvard University Press.

Gould, S. J. (1996), *Full House*, Harmony Book. (한국어판: 이명희 옮김 (2002),『풀하우스』, 사이언스북스.)

Hall, B. K. (1999), *Evolutionary Developmental Biology*, 2nd ed., Chapman & Hall.

Holland, J., Holyoak, K., Nisbett, R., and Thagard, P. (1986), *Induction: Process of Inference, Learning, and Discovery*, MIT Press.

Holland, P. W. H. (1999), "The Future of Evolutionary Developmental Biology", *Nature* 402: C41-C44.

Hull, D. L. (1988), *Science as a Process*, University of Chicago Press.

Jacob, F. (1977), "Evolution and Tinkering", *Science* 196: 1161-1166.

Keller, L. ed. (1999), *Levels of Selection in Evolution*, Princeton University Press.

Leroi, A. M. (2000), "The scale independence of evolution", *Evolution and Development* 2: 67-77.

Matsuzawa, T. ed. (2001), *Primate Origins of Human Cognition and Behavior*, Springer.

Maynard Smith, J. and Szathmary, E. (1999), *The Origins of Life: From the Birth of Life to the Origin of Language*, Oxford University Press.

Mithen, S. (1996), *The Prehistory of the Mind*, Thames and Hudson. (한국어판: 윤소영 옮김 (2001),『마음의 역사』, 영림카디널.)

Mokyr, J. (2000), "Evolutionary phenomena in technological change", in ed. by J. Ziman (2000), *Technological Innovation as an Evolutionary Progress*, Cambridge University Press, pp. 52-65.

Muller, G. B. and Wagner, G. P. (1991), "Novelty in evolution: Restructuring the concept", *Annual Review of Ecology and Systematics* 22: 229-256.

Muller, G. B. (2002), "Novelty and Key Innovations", in ed. by M. Pagel, *Encyclopedia of Evolution*, Oxford University Press, 827-830.

Nitecki, M. H. ed. (1990), *Evolutionary Innovations*, University of Chicago Press.

Pinker, S. (1997a), *How the Mind Works*, Norton.

_________ (2002), *The Blank Slate*, Viking.

Raff, R. (1996), *The Shape of Life: Genes, Development, and the Evolution of Animal Form*, The University of Chicago Press.

______ (2000), "Evo-Devo: the evolution of a new discipline", *Nature Genetics* 1: 74-79.

Raup, D. (1991), *Extinction: Bad Luck or Bad Genes?*, W. W. Norton. (한국어판: 장대익, 정재은 옮김 (2003), 『멸종』, 문학과 지성사.)

Ruse, M. (1986), *Taking Darwin Seriously: A Naturalistic Approach to Philosophy*, Blackwell Publishers.

Scott, M. P. (2000), "Development: The Natural History of Genes", *Cell* 100: 27-40.

Spelke, E. (1991), "Physical knowledge in infancy: reflections on Piaget's theory", in eds., by S. Carey and R. Gelman (1991), *Epigenesis of Mind*, Erlbaum, pp.133-169.

West-Eberhard, M. J. (2002), *Developmental Plasticity and Evolution*, Oxford University Press.

Wilson, E. O. (1975), *Sociobiology: The New Synthesis*, Belknap Press.

Ziman, J. (2000), "Evolutionary models for technological change", in ed. by J. Ziman (2000), *Technological Innovation as an Evolutionary Progress*, Cambridge University Press, pp. 3-12.

8장 한국적 두 문화의 현대적 기원

김영식 (1998), 「한국 과학의 특성과 반성」, 김영식, 김근배 엮음 『근현대 한국 사회의 과학』, 창작과비평사, 342-363쪽.

김우창 (1977), 「문학과 과학」, 《과학과 기술》 1977년 6월호, 27-32쪽.

김지하 (1970), 「오적」, 《사상계》 1970년 5월호.

문만용 (2007), 「1960년대 '과학 기술 붐': 한국의 현대적 과학 기술체제의 형성」, 《한국과학사학회지》 29(1) (2007), 69-98.

박성래 (1983), 「조선 유교사회의 중인 기술교육」, 《대동 문화연구》 17, 267-290쪽.

박성래 (1998), 『한국사에도 과학이 있는가』, 교보문고.

박태균 (2004), 「로스토우 제3세계 근대화론과 한국」, 《역사비평》 66호, 136-166쪽.

백낙청 (1978), 「인간해방과 민족문화운동」, 《창작과비평》 13(4), 2-27쪽.

송건호 (1963), 「민족지성의 반성과 비판-한국지성인론」, 《사상계》 1963년 11월호, 228-
 241쪽.

송상용 (1977), 「과학 기술인과 문학인의 대화-두 개의 문화 〈갈등과 화해〉」, 《과학과 기술》
 1977년 7월호, 35-41쪽.

C. P. 스노우, 오영환 옮김 (2001), 『두 문화』, 사이언스북스.

씨그프리트 (1965), 「기술문명의 방향-기술 교양 문명 관계」, 《사상계》 1965년 1월호, 180-
 186쪽.

이만갑 (1965), 「과학세기의 인간관계-과학적인 조직과 획일을 탈피하려는 인간존재」, 《사
 상계》 1965년 1월호, 194-201쪽.

이영미 (2009), 「1970년대 과학 기술의 '문화적 동원'-새마을기술봉사단 사업의 전개와 성
 격」, 서울대학교 석사 학위 논문.

이종수 (1965), 「한국과학 기술의 전망-과학 기술발전에 지름길 없다」, 《사상계》 1965년 1
 월호, 202-208쪽.

임종태 (2010), 「과학계의 박정희 향수에 담긴 자기모순에 관하여」, 《자연과학》 27, 서울대
 학교 자연과학대학, 94-100쪽.

정용욱 (2004), 「5·16 쿠데타 이후 지식인의 분화와 재편」, 노영기, 도진순, 정용욱 외,
 『1960년대 한국의 근대화화 지식인』, 선인, 157-183쪽.

주요한 (1964), 「엘리트-수구형과 개혁형: 이 시대는 어떤 유형의 엘리트를 요구하나」, 《사
 상계》 1964년 1월호, 78-83쪽.

한완상 (1978), 『민중과 지식인』, 정우사.

홍문화 (1977), 「과학 기술의 오늘과 내일」, 《과학과 기술》 1977년 6월호, 22-25쪽.

Basalla, George (1967), "The Spread of Western Science", *Science* 15, 611-621.

Elman, Benjamin A. (2005), *On Their Own Terms: Science in China, 1550-1900*,
 Cambridge: Harvard University Press.

Y. S. Kim (1988), "Some Reflections on Science and Technology in Contemporary
 Korean Society", Elman Korea JournalElman 28-8, 4-15.

찾아보기

융합이란 무엇인가

1판 1쇄 펴냄 2012년 3월 20일
1판 3쇄 펴냄 2018년 3월 16일

지은이 홍성욱 외
펴낸이 박상준
펴낸곳 (주)사이언스북스

출판등록 1997. 3. 24.(제16-1444호)
(06027) 서울특별시 강남구 도산대로1길 62
대표전화 515-2000, 팩시밀리 515-2007
편집부 517-4263, 팩시밀리 514-2329
www.sciencebooks.co.kr

ⓒ 홍성욱 외, 2012. Printed in Seoul, Korea.
ISBN 978-89-8371-405-3 93400